SEED  BOOK

いのちの種を未来に

野口のタネ・野口種苗研究所
Noguchi Isao
野口 勲

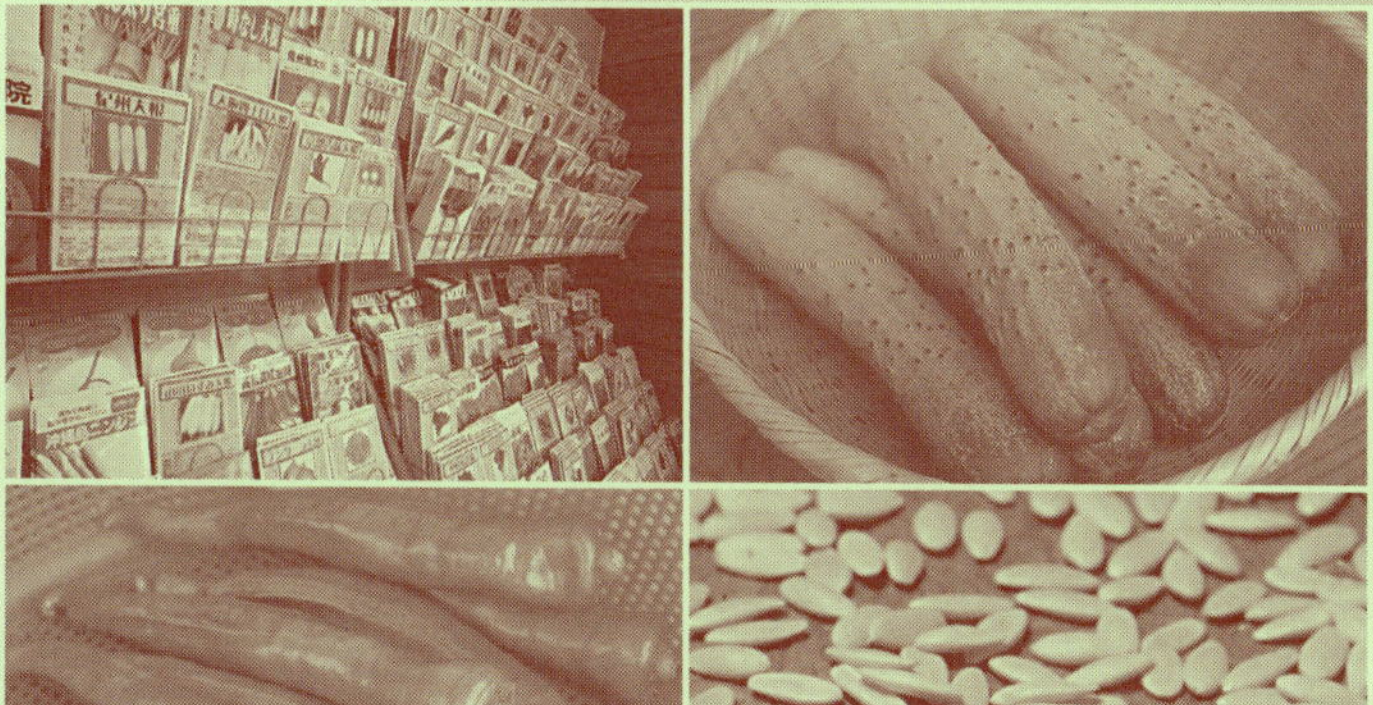

創森社

いのちの種を未来に——もくじ

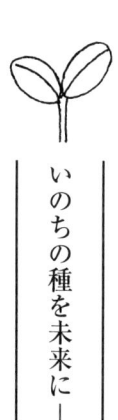

● Seed Shop World（4色口絵） 9

プロローグ

固定種の野菜は生きた文化財

13

第1部

種と種屋と種苗業界の素顔

23

もくじ

◆5章　在来種が生まれやすいアブラナ科野菜――121

〈品種名について〉
＊――本文中の野菜の品種名は一般名、固有名称、地域での呼ばれ方、商品名などを「」でくくって記述している。なお、第2部の2～5章の章末で紹介した「おすすめ固定種」欄と第3部の「野菜固定種の種　取り扱いリスト」欄（一五〇～一七五頁）は、主として野口種苗研究所による商品名を掲載している。

Seed Shop World

種屋へようこそ

左より店スタッフの小野地悠、園部なつ子、妻・野口光子、著者、父・野口庄治。2008年6月、店舗を埼玉県飯能市の市街から近郊の小瀬戸へ移転
(写真・鈴木忍＝LOOP)

固定種の種を並べた棚の一角(右上)

種袋の収納棚(右中)

父・庄治が考案した発芽試験器は、ロングセラー製品

仕入れた種の発芽試験を日常的におこなう

固定種＆在来種キュウリの例

「相模半白」の採種用果実（埼玉県富士見市の関野農園）

収穫間近の「奥武蔵地這」（採種委託地＝埼玉県毛呂山町）

「奥武蔵地這」の果実（写真・埼玉県農林総合研究センター園芸研究所）

「青大」の果実（提供は広島県・JA 福山市草戸支所）

「霜不知」の果実（写真・埼玉県農林総合研究センター園芸研究所）

「加賀太」の果実（写真・埼玉県農林総合研究センター園芸研究所）

「相模半白」の果実（写真・埼玉県農林総合研究センター園芸研究所）

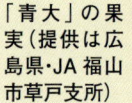

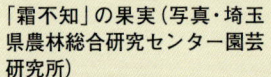

「みやま小かぶ」の採種

山間地（埼玉県飯能市高山）で栽培した「みやま小かぶ」

採種のため、「みやま小かぶ」の特性を示す親株を選抜する

乾燥させた茎をビニールシートの上に広げる

風がない日、ふるいを使って種と殻をより分ける

風選によって、夾雑物を除去する

短時間の天日乾燥、数日間の陰干しをおこなった「みやま小かぶ」の種

棒で軽くたたいたり、手でもんだりして種を取り出す

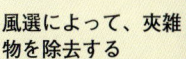

種袋の仕事を公開します

パソコンのデータベースソフトで、ほとんどの種袋の文字や図案を入力。カラーコピー機で白地の種袋に複写して作成

あらかじめ種袋に入れる種を用意しておく（写真の種はブロッコリー「ドシコ」

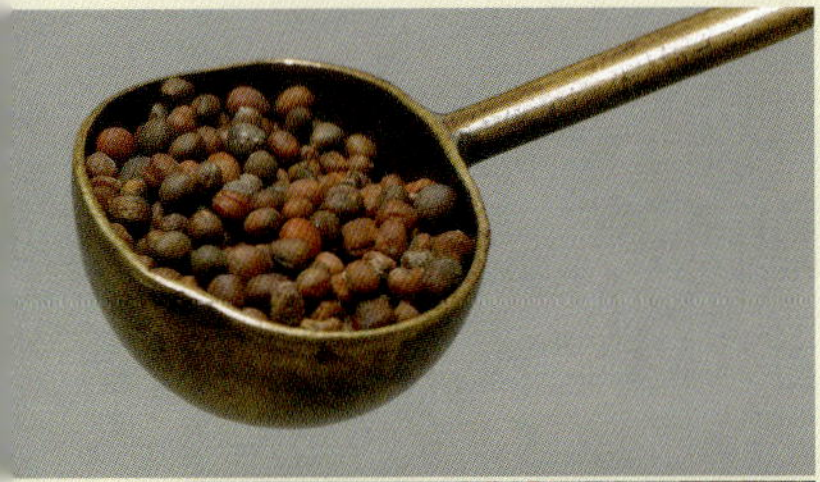

計量スプーンで種をすくう

種袋に用意しておいた種を入れる

種袋にノリを塗ってとじる

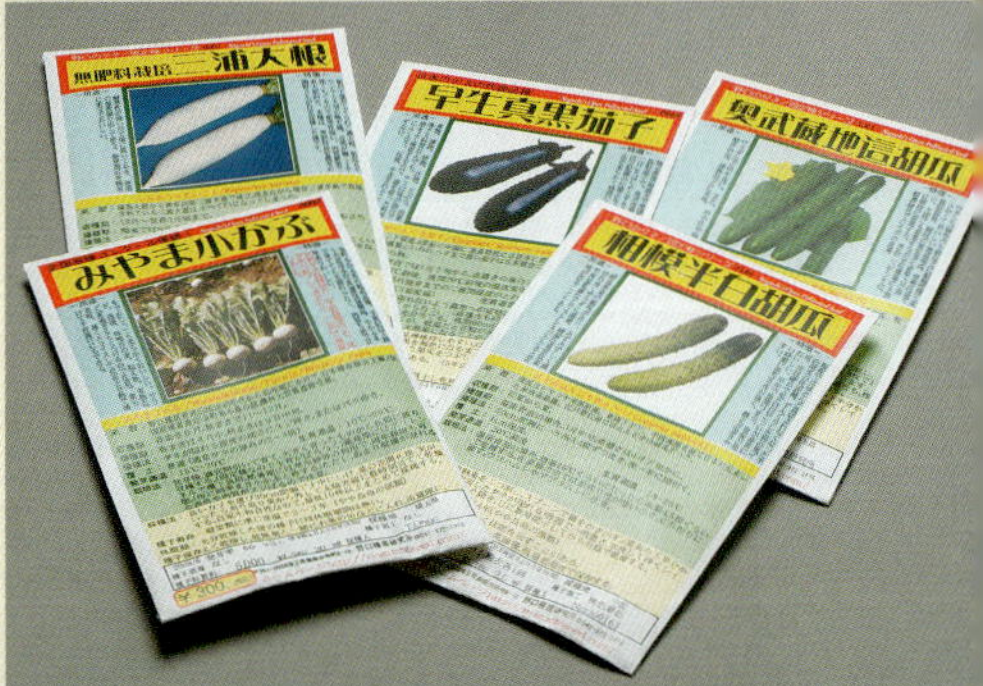

種入れ作業の済んだ種袋

店の棚に種袋を並べる（右下）

固定種の種が全盛期で東京に絵袋専門業者がいた頃の種袋

プロローグ

固定種の野菜は生きた文化財

固定種のキュウリ「青大」（広島県福山市）

伝統野菜の味は「百聞は一口にしかず」

「えっ、野口さんは、いつもこんなうまい野菜食べているの?」

私の店の前で、「相模半白《さがみはんじろ》」という、太くて短く、皮もかたそうで見るからにごついキュウリを一口かじった地元新聞の記者が、ビックリして叫んだ言葉です。平成一六(二〇〇四)年六月八日のことでした。

「まさか。ふだんはスーパーや八百屋で売っている、みんなと同じキュウリを食べているよ。普通のキュウリ(「シャープ301」という品種)も食べてみるかい」

「今まで何も考えずに普通に食べていたけれど、これはスカスカして味がないね。それに比べると、昔のキュウリはうまい。たしかに昔はこういう味のキュウリを食べていたのを思い出したよ」

キュウリの味がこれほど変わっていたなんて、こうして食べ比べをしてみないとわかりません。まさに「百聞は一口にしかず」なのです。「相模半白」の味に感激したこの記者は、さっそく六月一〇日付けの新聞に「こだわりの種苗《しゅびょう》店　野口のタネ」という当店の紹介記事を書いてくれました。

そもそもの始まりは、日曜朝の人気テレビ番組『遠くへ行きたい』のスタッフから、「今まで取り上げる機会の少なかった埼玉を紹介する企画を立てました。飯能《はんのう》での野口種苗研究所さんの伝統野菜の種の話をトップに、飯能市名栗《なぐり》から秩父方面の紹介を考えています」という電話がかかってきたことが発端でした。

その後、二度ほど担当者がロケハンに来て、採種農家の畑などを案内している中で、「担当レポーターを務める俳優の渡辺文雄さんが、昔のおいしい野菜を食べたいと希望しています。先日うかがった農家の庭先で、おばあちゃんと一緒に食べている場面を収録したいので、昔の野菜を集めてくれませんか」ということになりました。

さて弱りました。取材日は六月八日で季節は初夏。露地物の冬から春にかけての野菜はすでに終わっているし、夏野菜はまだ植えつけたばかりで、とても間に合わないのです。困ったあげくに、ホームページでうちの種を通販で買われているお客さまに「収穫物があったら送ってもらえないか」と呼びかけたところ、有機野菜の直販をしている「らでぃっしゅぼーや」の和歌山の生産者の方や、島根で有機野菜の直販をしている方、静岡で不耕起自然農をしている方、岡山で家庭菜園を楽しんでいるご老人等々が収穫物を送ってくださり、取材日二日前までに十数品目の伝統野菜が集まりました。ところが……。

「キュウリと水ナス、カブは隣の漬け物屋で浅漬けにしてもらい、他の野菜は生でかじっていただこうか？」とか考えながら眠りについた翌日、「レポーターの渡辺文雄さんが昨日、緊急入院されました。代わりの若い女性レポーターでは昔の野菜の話はできないので、申し訳ありませんが取材対象からはずさせていただきます」という、とんでもない電話で起こされることになりました。

全国各地からキュウリ、ナス、カブなどの伝統野菜を送っていただく

テレビ取材は残念ながらなくなったけれど、せっかく送っていただいた野菜です。「もったいないから写真でも撮っておこう」と店の前に持ち出していたところに通りかかったのが、件の新聞記者だったというわけです。

その後、渡辺文雄さんはそのまま帰らぬ人となってしまわれました。後に読売新聞の『追悼抄』という記事で、入院後も「日帰りでいいから埼玉に行きたい」とおっしゃっていたと知りました。初代「食いしん坊！ばんざい」に食べていただき、感想をお聞きすることができなかったのは、本当に残念でしたが、グルメ俳優さんならずとも新聞記者を一口でとりこにしてしまった「相模半白」の味は、さすがに数百年の歴史を持つ伝統野菜ならでは、というところです。

ちなみに「相模半白」の果実の色は、普通のキュウリが濃緑色であるのに対し、淡緑色、もしくは半白色、白色。キュウリ本来の歯ざわりと風味に富んでおり、今でも一部の生産者によって栽培されています。

伝統野菜はほとんどが「固定種」

近年は、「京野菜」を筆頭に、「加賀野菜」「なにわ野菜」「愛知野菜」「福井野菜」など、昔の伝統野菜を掘り起こして地域ブランドとして育て、確立しようという動きが、全国に広がっています。

この伝統野菜という言葉には、特にキッチリとした定義はありませんが、一般に、地方や地域でしか流通していない野菜を「地方野菜」、その中でも著名で特産といえるような野菜を「伝統野菜」と言っています。「京野菜」といえるのは江戸時代以前からの歴史ある野菜ばかりですが、「愛知野菜」には昭和に入ってから導入された『ファースト・トマト』も入っているようですから、要は各地の公的機関が特産品としてお墨付きを与えたものが、その地の伝統野菜ということのようです。

いずれにせよ、これらの野菜は、かつてよそから持ち込まれてきたものが、その地でしっかりと根付くために、そこの気候や風土、つくり方などに適応、変化をして生まれたものです。そして、その中でも良くできた野菜を選抜して種を採り、その種をまいて育てた中から再び良いものを選抜して種を採り、といったことを繰り返すことによって、その野菜の形や色、味などの形質が固定化されたものです。このようにして生み出され、遺伝的に品種として独立していると認められた野菜を「固定種」と言います。

たとえば、長野県の伝統野菜である「野沢菜」は、宝暦六（一七五六）年、野沢温泉村にある健命寺の住職が京都に遊学に行った折、関西周辺で栽培されていた「天王寺かぶ」の種を持ち帰ったことが始まりだとされています。ところが、なぜか信州ではカブが大きく育たず、葉と茎がよく育ったため、それを利用するようになりました。そうして「野沢菜」という固定種の伝統野菜が生まれ、それを漬け込んだ野沢菜漬けという郷土の味も生まれたのです。

ちなみに、固定種の野菜は『都道府県別　地方野菜大全』（芦澤正和監修、農文協）によれば、二〇科六九種類五五六品種・系統があったとのこと。これらは年々、衰退、絶滅の危機にさらされているだけに再発掘、保存、普及が急務となっています。

モノカルチャー化している野菜

最近は、特にご年配の方は「今の野菜は味がしない。昔食べた野菜が懐かしい」と感じておられるのではないでしょうか。「いつでも同じような野菜が手に入るから、なんか食べ物から季節を感じることが少なくなった」と感じておられる方も多いことと思います。

昭和三〇年代頃までは、生産・販売されていた野菜のほとんどは固定種でした。ところが現在、スーパーや八百屋の店先に並ぶ野菜の中に、固定種の野菜はほとんどありません。「F_1・交配種」（以後、F_1、またはF_1種と略）と呼ばれる野菜に席巻されてしまっています。

このF1種は、生育スピードが早く均一であり、形状もそろっていて歩留まりが良いため、野菜の大産地にとってはたいへん都合の良いものなのです。しかし、そうしたF1種が広く普及し、どこでも同じ野菜をつくるようになってしまったために、現在の日本の野菜文化はモノカルチャー化（特定の一種類の農作物を栽培すること。単作化）してしまいました。

そしてこれらのF1種は、主に効率良く生産すること、流通することを主目的として開発されていて、味については二の次です。また、野菜産地にとって最大の顧客は、ややもすれば個々の消費者ではなく外食産業などになりがちですから、産地は外食産業などロット（同一製品の製造・取引単位）の大きな顧客のニーズに合わせた野菜を生産することにな

JA ファーマーズ・マーケット「ポケットファームどきどき」（茨城県茨城町）の店内

多様なトマトが並ぶが、すべて F1 種

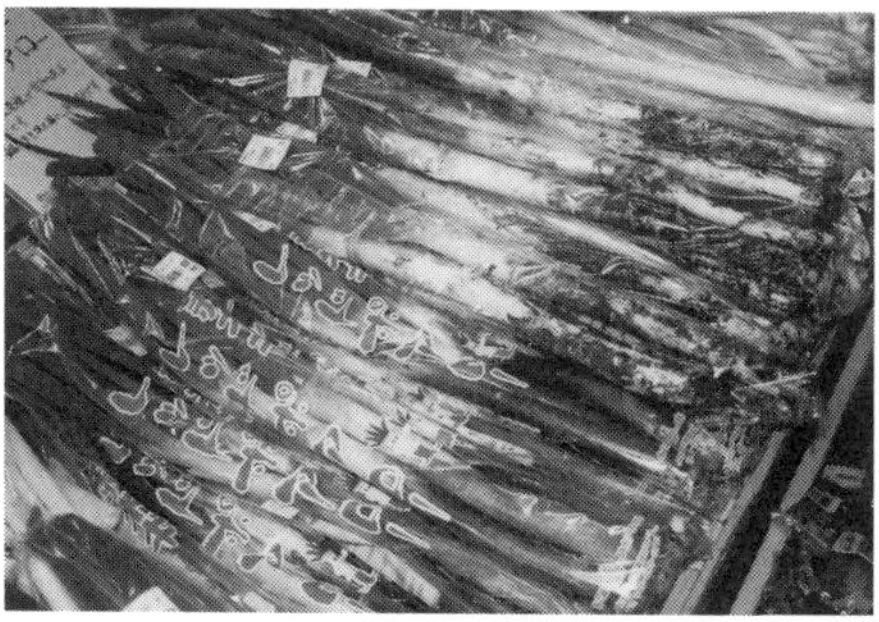

在来種（茨城県桂村）の赤ネギ

ります。種苗メーカーや産地指導にあたる農業試験場の人の話によると、今、外食産業の要求は、極端な例かもしれませんが「味付けは我々がやるから、味のない野菜をつくってくれ。また、菌体量の少ない野菜を供給してくれ」というものだそうです。

　こうして、世の中に流通する野菜はどんどん味気なくなり、機械調理に適した外観ばかりのものに変化しているのです。

　こんな状況の中で、伝統野菜は数少ない本物指向の消費者、昔のおいしかった野菜の味が忘れられない高齢者の方々に支持されています。消滅しかかっている地方市場に代わって農産物を扱う場として台頭してきたのが、道の駅。さらに高速道路のサービスエリアにおける直売コーナー、地域のさまざまな形態の農産物直売所、ＪＡファーマーズ・マーケットなど。これらの直売場で人気を高めつつあるのが、各地の伝統野菜というわけです。

多様性の時代・地方の時代にふさわしい野菜とは

　F_1種がどのようにつくられているのかは、詳しくは第1部を読んでいただきたいのですが、固定種とF_1種の違いを簡潔に言ってしまえば、固定種は遺伝子の最大公約数のようなもので、それぞれの地域の気候風土に適合するための多様な能力を秘めていると考えることができます。それは植物本来の姿です。一方のF_1種は、その一代限りであり、わずかな個体の最小公倍数のようなものです。特に「雄性不稔《ゆうせいふねん》」（第1部1章）という技術を使ってつくられたF_1種は、次の世代の種を遺《のこ》すことさえできず、多様性のかけらもありません。そんな野菜が、知らず知らずのうちに世の中に蔓延しているのです。

誰もが同じ野菜をつくり、同じ野菜を食べるようになった今では、各地方の先人たちが苦労して育て上げていった文化遺産ともいうべき野菜が、そして地方色豊かな食文化が失われつつあります。さらにいえば、今つくられている野菜は、生物として本来持っている遺伝的な多様性さえ奪われてしまっています。やれ生物多様性だ、地方の時代だといわれているこの時代に、野菜の世界では真逆のことが進行しているのです。

しかし、多くの人はそのことに気づいてさえいません。取り返しのつかないことが起こらないうちに、この流れは食い止めなければなりません。

日本の野菜を本来の固定種に戻したい

私が切り盛りする店である「野口のタネ・野口種苗研究所」は、たぶん日本でいちばん小さな種屋です。もともとは、祖父が「蚕の種の市街地販売所兼自給用野菜の種屋」として創業した店です。

店のある埼玉県飯能市は江戸時代から続く林業地帯で、「一反（一〇アール、約九九〇㎡）畑があれば大地主」という土地柄ですし、専業農家が存在しないので高価なF_1種を大量に買ってくれるお客さんも存在しませんから、自給用の固定種の種ばかりを取り扱ってきました。父の代からは、「地元で売れる種の量が少ないので、全国の種屋に販売しよう」と、固定種野菜の採種もおこなうようになり、今でも細々と続けています。

現在は、種子専門店も野菜の専業農家も、家庭菜園向けの書籍や雑誌も、そして当然、種苗会社のカタログも、入手しやすい大手種苗会社の種に偏っています。そして扱われている種のほとんどが、F_1種の種です。

そんな時代の流れに逆行して、私の店では、日本各地や世界の固定種野菜の種を集めて販売しており、最近はインターネットでの販売も始めました。それもこれも、「日本の野菜を、味の良い固定種に戻したい」という一心からのことです。

この本は、祖父の代から三代続く種屋が、種屋業界のないしょ話を基に書いた、あまり知られていない現代の野菜の種の不都合な真実の話です。読み終わったとき、あなたには、今まで何気なく見ていた野菜が、まったく違う存在に見えてくるはずです。なかには、本当の野菜探しの旅に出る方もいるかもしれません。そんな方が一人でも多く生まれることを願って、この本を世に問います。

第 1 部

種と種屋と
種苗業界の素顔

固定種のブロッコリー「ドシコ」の種と計量スプーン

◆1章 野菜の固定種とF_1種をめぐって

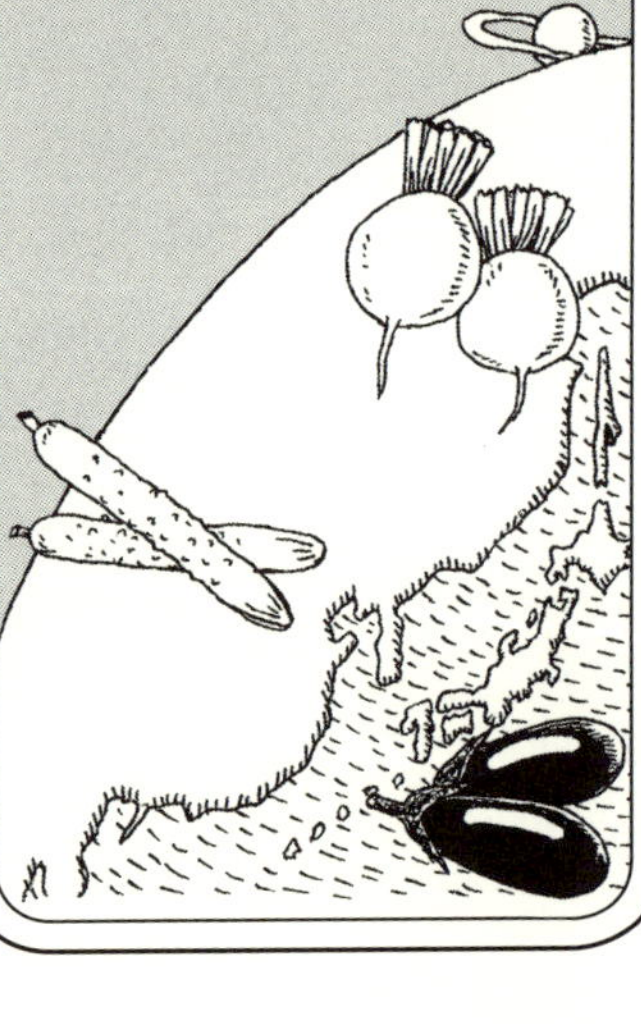

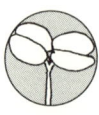

固定種とF_1種との決定的な違い

世の中で販売されている野菜の種は、一般に「固定種」と「F_1種」に大別されます。その違いは、野菜のすべてを左右する決定的なものであるだけに、ぜひとも覚えていただきたいところです。

「ある植物の種をまいたら、その植物が生えてくる」ということが、植物における基本中の基本です。カブの種をまいたら、そこにナスはなりません。しかし、同じナスでも、実の長いものや短いもの、色の黒っぽいものや白っぽいものなど、いろいろな個性があります。江戸時代の頃の種屋の仕事は、そんないろんな形質を示しているものの中から、品質の良いもの、好まれているものを選び、その種を採ることでした。

ところが、明治時代に入ると、遺伝学の基本である「メンデルの法則」や「雑種強勢」の概念が知られるようになり、掛け合わせることによって品種改良ができることがわかってきました。

「メンデルの法則」を簡単にいえば、「親から子に遺伝していく『遺伝形質』には、顕性形質（優性形質）と潜性形質（劣性形質）があり、それぞれの遺伝子の組み合わせによってその子の形質が決まる」ということです。

たとえば、ヒョウタンとユウガオは植物学的にはまったく同じもので、ユウガオのようなくびれていない形が顕性形質、ヒョウタンのようなくびれた形は潜性形質であることが知られています。くびれない遺伝子をA、くびれる遺伝子をaとすると、AAの遺伝子型を持つくびれていない形のものと、aaの遺伝子型を持つくびれた形のものを掛け合わせると、すべての子供がAaという遺伝子型になります。このとき現れる形質は顕性であるAのほうであるため、すべての子供はくびれていない形になるわけです。次にAa同士を掛け合わせると、AA、Aa、aA、aaがすべて同じ割合で現れますが、形質で見てみるとくびれていない形が3、くびれている形が1の割合になります。

また「雑種強勢」とは、異なる形質のものを掛け合わせると、その一代目の子供に限って特に収量や生育速度といった能力が両親よりも優れるという現象が起こることをいいます。

これらのことを知った種屋は、ある形質に別な形質を掛け合わせていくことで、欠点を克服して必要な形質を持った中間型の改良品種をつくり出し、それを一生懸命固定しようとしていきました。掛け合わせることによってばらついた形質の中から求めている形質だけを選び出し、それを何代も繰り返して掛け合わせていくことで、その形質の子供だけが出てくる純系に近づけていったのです。

小カブを例にとってみれば、その年にできたものの中でより丸いもの、球割れの少ないものを選んで種を採る、ということを何年も繰り返していくことで、最初はいびつな形だったり割れが多かったりしていた種が、だんだんと丸くて割れないものだけができる種になっていくわけです。

また、たとえ同じ小カブであっても、それを気候や土質などの環境が違う別の土地で育てると、同じようには育たないことがあります。それをまた固定化していくことによって、その土地独特の野菜となり、それが大切に守られていったことで、伝統野菜・地方野菜・地場野菜と呼ばれる野菜がつくられていったのです。

こうした品種改良の方法を「交雑《こうざつ》固定法」といい、その結果、固定化に成功したものを「固定種」といいます。

一方、「F_1」とは生物学用語で「first filial generation」、つまり交雑によって生まれた第一代目の子のことを指す記号です。日本語では「一代雑種」とも言われます。英語ではハイブリッド（hybrid）。つまり、ただ単に「雑種」と言われることが多いようです。種屋の世界で言うF_1種とは、雑種強勢を狙い、また常にそろった品質を生み出すために、それぞれ固定した異なる系統の両親を掛け合わせてつくられた種のことをいい、種苗業界では「一代交配種」とも言います。

交雑固定法による固定種は、雑種強勢で生まれた特質を固定しようと代々繰り返し選抜していきますから、品種として確立する代わりに、どうしても雑種強勢の効果は落ちていってしまいます。「それならば、一代目だけを売ればいいじゃないか」ということで、第二次世界大戦後の食糧難の時代に生まれたのが、F_1種です。種の世界では現在、このF_1種が主流になっています。

プロの農家のために開発されたF_1種だが

農家にとってF_1種の良い点は、なんといっても「生育が早くて実が多くなる」といった雑種強勢のおかげで、単位面積当たりの収穫量を増大させることができることです。さらには、生長も収穫もほぼ一斉なので栽培計画が立てやすい、形態がそろっているので出荷時の結束や梱包がしやすい、といったメリットがあります。

また、市場や店頭、外食産業にとっても、輸送中に荷いたみしにくい、日持ちがする、形がそろっているので機械にかけて調理しやすいといったF_1種の特徴は、とても重宝されています。

これらの理由から、現在流通している野菜のほとんどがF_1になっており、大手種苗会社が大量に生産しているため、F_1種はいつでも安定的に手に入れることができます。それもまた、F_1種を利用する大きなメリットとなっています。

特定の性質を付けやすいことも、F_1種の良い点の一つです。たとえば、ウイルス病などの病気に対する抵抗性が強い品種、あるいはミニトマトやメロンなどで糖度が増した品種ができたのは、このF_1育種のおかげといえるかもしれません。

F_1種の悪い点は、その種から育てた植物には形質のそろったものができますが、その植物から種を採って二代目を育てると、形質がバラバラになってしまうことです。そういう性質を持っているF_1種ですから、F_1種の種の供給はメーカーに握られてしまっているのです。農家は、非常に高価な種を、毎年メーカーの言いなりの価格で買わざるをえません。「種を制する者は、世界を制す」と言われるゆえんです。

F_1種は、メーカーが海外採種場の技術不足などで交配ミスを引き起こしたりした場合、すべてが似ても似つかない野菜になってしまって、産地が壊滅的な打撃を受ける可能性もあります。以前、サカタのタネが「金春甘藍《きんしゅんかんらん》」というキャベツのF_1種づくりで大失敗して、毎日新聞で報道されたことがありました。

それまで「金春甘藍」の種は南米のチリで採っていたのですが、「外国での採種は品質管理に安心できない」ということで、その時はわざわざ日本に戻して佐渡島で種を採っていました。そして、普通は数カ月間の試験栽培を行い、葉形を見たりして正しいF_1種がで

固定種とF1種の種の特徴

固定種の種

- 何世代にもわたり、絶えず選抜・淘汰され、遺伝的に安定した品種。ある地域の気候・風土に適応した伝統野菜、地方野菜（在来種）を固定化したもの
- 生育時期や形、大きさなどがそろわないこともある
- 地域の食材として根付き、個性的で豊かな風味を持つ
- 自家採種できる

F1種の種

- 異なる性質の種を掛け合わせてつくった雑種の一代目
- F2になると、多くの株にF1と異なる性質が現れる
- 生育が旺盛で特定の病気に耐病性をつけやすく、大きさや風味も均一。大量生産、大量輸送、周年供給などを可能にしている
- 自家採種では、同じ性質を持った種が採れない（種の生産や価格を種苗メーカーにゆだねることになる）

参考）『野菜の種はこうして採ろう』（船越建明著、創森社）

きているかどうかの確認をするのですが、これまで付き合いの深い人に採種を頼んだので、「これに関しては間違いない」と、試験をせずに売ってしまったのだそうです。

ところが、どうやらAという花にBの花の花粉がかかったものの種を採るはずが、その逆をやってしまったために、本来の「金春甘藍」とは似ても似つかないキャベツが出てきてしまいました。種の販売代金が五〇〇万円、産地から補償せよと言われた金額が二〇億円。「陰でこっそりと交渉して、五億円ぐらいの金額で妥結したんじゃないか」と、業界では噂しているのですけれど……。

F1種を自給用菜園で使用した場合に困るのは、そろいの良さと生長の早さ（＝老化の早さ）が仇になることです。特にコマツナやホウレンソウといった軟弱野菜ではそれが顕著で、たとえば秋にまいて、冬を通して使いた

いと思っても、生長も老化も早いF_1種は待ってくれません。しかたがないので、できたものを近所や親戚に配ってまわり、またまき直し、ということになります。

固定種は計画生産に向かないけれど

野菜を栽培する側から考えると固定種の良い点は、たった一つしかありません。それは種を買って育てれば、以後、自分でも種を採れることです。種屋にとっては、困ったことですが……。

しいてほかにも良いところを挙げるとすれば、生長が不ぞろいで生育も遅いために、自給用菜園では大きく育ったものから順に長期間にわたって収穫できる、ということでしょうか。しかし、これが生産農家にとって最大のネックになります。F_1種のように、一週間単位の出荷計画のような綿密な計画生産をすることができないのです。

また農家にとっては、種の安定供給が約束されていないのも困りものです。F_1に比べて圧倒的に生産量が少ないためにストックがなく、流通量は前年の出来具合で変わってしまいます。私の店でも、昨年まで入ってきていた種が、今年も同じように入ってくるかどうかはまったくわかりません。

また、自給用菜園で使用した場合、固定種はうまく育てられないこともあります。固定種はその土地の気候風土の中で永きにわたって伝承されてきたものですから、別の土地の

気候風土や栽培方法とは合わない場合もあるのです。

風味はF_1種よりも固定種のほうが勝ります

味に関していえば、F_1種よりも断然、固定種が勝ります。最近のF_1種は、味を求めての育種ではなく、色や形、保存性などを求めて育種することがほとんどですが、固定種ならば、日本人が長い間かけて受け継いできた伝統の味、旬の味覚を味わうことができます。

ビニールハウスで一年中つくることができるけれど気候の変化に鈍感なF_1種の野菜と、露

伝統野菜として見直され、人気急上昇の「相模半白」(埼玉県富士見市の関野農園)

風味抜群の「アロイトマト」(埼玉県富士見市の関野農園)

昔ながらの姫路周辺の在来種である「岩津ネギ」(写真・蜂谷秀人)

地で雨や霜にあたって風雪に耐えながら旨味《うまみ》を蓄えた固定種の野菜とでは、味の深みに差があるのは当然です。特に日本料理に使ってみると、その違いは顕著です。

たとえば、私のところで採種している「みやま小カブ」は、カブの固定種の一つです。これは、昔からつくられていた「金町《かなまち》小カブ」の中から、割れが少なくて丸形で甘みのあるものをつくろうと思い、たくさんカブの種をまいては自然交雑させ、何世代もかけて選抜淘汰を繰り返してできたものです。「みやま小カブ」の味の良さは折り紙付きで、味噌汁の実などにすると、とろけるほどやわらかくおいしいカブです。

一方、F_1種のカブの代表に「耐病《たいびょう》ひかり蕪《かぶ》」というものがあります。これは、日本の小カブと、大きくて丈夫な、外国の家畜飼料用のカブを掛け合わせてつくられたものです。小カブとしても中カブとしても大カブとしても使えますから、生産農家は生育中、市場が高値になった時にいつでも出荷することができます。また「耐病〜」と名前についているように病気に強くて生育も早く、そろいが良く、葉柄の繊維がしっかりしているので束ねても折れません。機械洗いにも耐え、見栄えも抜群です。ただし、かたくてまったくおいしくありません。よく漬け物にされて売られていますが、歯にギシギシ当たるだけで、なかなか噛み切れないほどです。

世の中にまだ固定種のカブしかなかった昭和三〇年代、私のところの「みやま小カブ」の種は、原種コンクールの農林大臣賞を何度も受賞し、日本中の種屋に売れていました。もちろん、市場への出荷用としてです。ところがF_1種の「耐病ひかり蕪」などが出てきてから、農林大臣賞はおろか、入賞することもまれになりました。農業試験場でおこなう原種審査会は、「立《た》ち毛《げ》検査」という畑での草姿の見栄え検査と、「抜き取り検査」という根部の玉割れや肥大、そろいを見る検査しかしないので、生育が遅く均一でない固定種は、見栄えでは生育旺盛で均一なF_1種に太刀打ちできないのです。

乾燥させた「みやま小かぶ」の茎

「みやま小かぶ」の種を採り、計量マスに入れる

しかし、この話には裏話があります。昭和四〇年代のある日、久喜《くき》の埼玉県園芸試験場で、顔見知りのある種苗会社の人が寄ってきて、「野口さんのカブはどれ？」と聞いてきました。そして審査会が終わった後は、私のところのカブだけがきれいに持ち帰られていたのです。彼ら曰く「言いたくないけれど、F_1種のカブなんてまずくて食えたもんじゃないからなあ」と。それ以来、あんまりバカバカしいので、私は原種コンクールに出品するのをやめてしまいました。

最近では、F_1種の味を見直そうという動きも、あることにはあるようです。たとえばニンジンは長い間、かたくてまずいけれど芯まで真っ赤で見栄えがして日持ちが良い「向陽《こうよう》二号」という五寸人参しか、市場では受け付けてくれませんでした。ところが最近では、キャロットジュースに使われて「甘くておいしい」と評判になった「US交配千浜《ちはま》」なども受け付ける市場が出てきているようです。ただし、おいしいといってもあくまで「F_1にしては……」という話であって、やはり固定種のニンジンのほうがおいしいことには変わりがありません。私の店でも、「千浜」の種を扱ったことがあるのですが、うちのお客さんにはやっぱり売れませんでした。

野菜がF_1種に席巻された理由

現在のように日本中の野菜の種がF_1種に席巻されている状態は、第二次世界大戦後、日本が戦災で焼け野原となり、また大勢の兵隊が復員してきたこともあって食料が絶対的に不足していた日本に、ＧＨＱが「この状況を改善するように」と要求してきたことが発端です。

食料の増産に必要なのは、まずは窒素肥料です。窒素肥料は日本でも大正時代から、電気で水を分解して空中の窒素を固定するという方法でつくられていたのですが、戦後は電力が不足していたため、当時の日本ではつくることができないでいました。ところで、窒素は爆弾の原料でもあります。戦後のアメリカは、軍需産業で余った窒素を窒素肥料として、戦争によって食糧不足に陥っている国々に援助しており、これが戦後の日本にもどんどん入ってくるようになりました。

それと同時に、現在では使用が禁止されている猛毒の農薬である有機燐剤（薬剤名パラチオン、商品名ホリドール）なども盛んに使われるようになりました。そして昭和二二（一九四七）年には農協法が制定され、全国各地に農協が設立されていきました。

そんな食糧増産の波の中で生まれたのが、タキイ種苗の「長岡交配福寿《ふくじゅ》1号トマト」という日本で初めてのF_1種の野菜です。それまでも農業試験場などでF_1種はつくられていましたが、販売されたのはこれが初めてでした。

さらに時は流れて昭和四一（一九六六）年、野菜指定産地制度を含む「野菜生産出荷安定法」が公布されました。「野菜指定産地」とは、指定野菜（国民生活上きわめて重要、つまり消費量が多く安定供給が必要と政令で定められた野菜。キャベツ、キュウリ、サトイモ、ダイコン、タマネギ、トマト、ナス、ニンジン、ネギ、ハクサイ、バレイショ、ピーマン、ホウレンソウ、レタスの一四品目）の種別ごとに、その出荷の安定をはかるために当時、農林大臣が指定した集団産地のことをいいます。

高度経済成長期、農家には長男だけが残り、次男や三男は都会に出ていきました。残った長男たちは、食料増産のために農地を大規模な指定野菜の産地にして、単一作物生産農家となっていきました。

指定産地になっておけば、指定野菜ばかりを大量に生産する義務が生じる代わりに、野菜が獲れすぎて価格が暴落しても、廃棄処分することで価格が補填《ほてん》されるからです。こうして日本中に、いわゆる百姓ではなく、トマトならトマトだけを、キャベツならキャベツ

当時の農林大臣が指定した野菜指定産地が、各地に続々と出現

単一作物の大規模周年栽培のため、F1 種の種を導入

だけをつくる農家が生まれていきました。農業のモノカルチャー時代の到来です。

それまでの農家は自分で種を採り、自分が食べるものは自分でつくっていました。それが「大量出荷するためには、規格どおりの野菜が歩どまりよくできなくちゃダメだ」ということになり、指定産地向けに品種改良された、周年栽培が可能で品質が安定しているF_1種が一気に広がっていったのです。

F_1種のつくられ方

現在、私たちが普通に食べている野菜は、育種過程がブラックボックスのようで、そのつくり方はほとんどの方が知りませんし、種苗会社はその製造過程の秘密を明かしてはくれません。とはいえ、F_1種は、おおむね次のような方法でつくられています。

除雄（ナス科）

日本で最初に商品化されたF_1種は「長岡交配福寿1号トマト」ですが、大正時代には、埼玉県園芸試験場が世界で初めてのF_1種の野菜をナスでつくっています。

トマトもナスも、ナス科の植物です。ナス科の花は一つの花に雄しべと雌しべがあり、自花受粉をすることができますが、それではF_1種の基本的な目的である雑種強勢が働きません。そこでナス科でF_1種をつくる場合は、自家受粉をさせないように、花が開く前のつぼみのうちに雄しべを全部抜いて雌しべだけにしてしまいます。この作業を「除雄《じょゆう》」といいます。そして、その花に必要な種類の花の花粉を持ってきて受粉させます。このような方法が、F_1種づくりの基本です。

この除雄には大変な手間がかかるため、次に紹介するような省力化した方法が次々に研究され、実用化されていきました。しかし、トマトの場合は一つの果実の中に三〇〇〜四〇〇粒、ナスの場合は七〇〇〜九〇〇粒と大量に種が採れ、ある程度高く売れれば採算を合わせることができるので、ナス科ではいまだに除雄によってF_1種をつくっています。

物理的に自家受粉させない(ウリ科)

ウリ科の植物は、一株に雄花と雌花がつきます。やたらと他殖性が強く、自分の花粉よりも他の花粉を欲しがります。ですからウリ科の場合には、勝手に受粉させないように咲きそうな雌花を洗濯ばさみのようなもので物理的に開かないようにしておき、必要な花粉を人為的に受粉させています。

自家不和合性を利用(アブラナ科)

アブラナ科の植物の多くは、自分の花粉では種をつけることができず、他の株の花粉を受粉したときにだけ種をつけます。このような性質を「自家不和合性《じかふわごうせい》」といいます。非常に交雑しやすいため、アブラナ科の野菜は各地で地方独特の固定種がどんどん生まれていきます。

この性質を利用してアブラナ科のF_1種をつくる技術を世界に先駆けて発見したのは、韓国人を父親に、日本人を母親に持つ禹長春博士です。技術的には戦前に完成していたのですが、それによってつくられたF_1種の販売が始まったのは、タキイ種苗が禹博士をヘッドハンティングして、カブやダイコンやハクサイのF_1種をつくってからになります。

この自家不和合性を利用したF_1種づくりは、ついこの間まで「日本のお家芸」と言われていた技術です。

アブラナ科は、自分の花粉では種がつかないけれど、同じ母親から採れた株（つまりは兄弟分）だと実がつくことがあります。そこで、兄弟分でも種がつかない系統を見つけ出し、繰り返し掛け合わせることによって、自分の仲間では絶対に種がつかない系統をつくり出します。そうすると、たとえばそのようにしてつくったコマツナとカブを交互に畑にまけば、コマツナどうし、カブどうしでは受粉せず、コマツナの花粉がかかったカブと、カブの花粉がかかったコマツナだけが実るわけです。その時に必要なのがカブの花粉がかかったコマツナだとしたら、コマツナの花粉がかかったカブは全部つぶしてしまえば、必要な種だけを採ることができるのです。

またアブラナ科は、花が開いたら絶対に自家受粉しませんが、幼いつぼみの時だけは自家不和合性が機能せず、自家受粉で種をつけることができます。F_1種の親となる系統は、この「つぼみ受粉」をおこなうことで維持しています。ところが、このつぼみ受粉を繰り返すのは大変な手間で、だからこそ手先の器用な日本人のお家芸になっていたわけですが、とてもじゃないけれど大会社でしかできません。

私が種屋の世界に入った時に最初の一年間、みかど育種農場という会社で研修させていただいたのですが、そこの農場では毎日毎日、近所のおばさんたち数十人が、ビニールハウスの中で一生懸命つぼみに花粉をかけていました。「これはたった一人でやっている商店の手に負える世界ではないな」ということがよくわかりました。

ただ最近は、つぼみ受粉はおこなわずに、ビニールハウスの中に二酸化炭素を注ぎ込んで処理しているのだそうです。そうして大気中の二酸化炭素濃度を高めると、生長した花でも自分の花粉で受粉するようになるのです。

日本の秋野菜、冬野菜のほとんどはアブラナ科です。日本の野菜がF_1種ばかりになった理由は、世界でも特異かもしれませんが、このアブラナ科のF_1種作出に成功したということが大きいようです。

雄性不稔の利用

最近のF_1種づくりでは、「雄性不稔《ゆうせいふねん》」利用という技術が主役になっています。雄性不稔とは葯《やく》や雄しべが退化して、花粉が機能的に不完全になることで、平たくいえば無精子症です。

これを最初に発見したのはアメリカ人で、タマネギに一つずつ袋をかけて種を採っていたときに、どうしても種が実らない株を見つけたのです。人間でも数万人に一人は無精子症とか、男性機能が働かない人間が出るらしいですけれど、それと同じように、ある程度の規模の中では、まれにそういった個体が見つかります。それを使えば、たいへん手間な除雄の作業をしなくてもすむわけです。雄性不稔の株を増やしておいて、そのそばに必要な品種を栽培しておけば、なにもしなくてもF_1種が採れるわけで、F_1種をつくるときには、この雄性不稔利用が最も効率が良いのです。

「現在のアメリカの強大な国力をつくったのは、トウモロコシのF_1種作出だ」といわれていますが、これも雄性不稔を利用してつくられています。

　トウモロコシは雄花が上に、雌花が下にあり、雄花の花粉が下に落ちて受粉します。アメリカでも最初は、広大なトウモロコシ畑の雄花を全部一本残らずカットしてまわる「除雄方式」でF_1種のトウモロコシをつくっていました。トウモロコシは風媒花《ふうばいか》ですから、除雄をした畑の近くに必要な花粉を持つトウモロコシを植えておけば、それで必要なF_1種ができるわけです。しかしこの方法では、数万人もの学生アルバイトを動員しなければならないほど多くの人手が必要です。その人手と手間を省くために「タマネギで雄性不稔が見つかったのならばトウモロコシにもあるはずだ」と考え、苦労して雄性不稔株を見つけ出したのです。

　実用化された雄性不稔株はたった一種類でしたが、その株にいろいろな種類を掛け合わせることで、さまざまな品種のトウモロコシをつくっていきました。ところがその雄性不稔株は、ある病気に対する抵抗性を持っていなかったため、ある時、アメリカ全土のトウモロコシがその病気で一斉にダメになってしまったことがありました。それからしばらくは、再び大量のアルバイトによる除雄が復活したらしいのですが、別の雄性不稔系統が数種類見つかったことで雄性不稔利用も復活し、現在のトウモロコシ王国となっています。

日本のF_1種づくりでこの雄性不稔利用を最初に取り入れたのはニンジンでした。今では多くの野菜で、この方法でのF_1種づくりが主流になっています。キャベツやハクサイといった自家不和合性を持つ野菜でも、ダイコンの雄性不稔株を使ってのF_1種づくりが実用化されています。

現在のF_1種は雑種強勢を狙ったものではない

雄性不稔が見つかるまでのF_1種づくりは、雑種強勢を得ることが目的でした。しかし雄性不稔が見つかってからは、まずはそういう株を探し、それに何を掛け合わせれば都合の良いものができるか、ということが主眼になっています。「雄性不稔の個体さえ見つければ、F_1種をつくるのにお金がかからない」というわけで、もう雑種強勢とはほとんど無縁になっているのです。

雄性不稔を使ってダイコンをつくっている会社の人に聞いた、おもしろい話があります。この技術を使うためには、雄性不稔因子を持った親を維持していかなければなりませんが、やはりそのような株は生命の力が働いて、遺伝的な欠陥を修復しようとしはじめ、なかにはそれに成功する株が出てきます。これを「シブが出る」と言うそうです。それを残しておくとF_1種づくりがうまくいかないため、広大な畑から一本一本見つけ出して全部引き抜いてしまうのだそうです。いかに不健康な株を残し、健康な株を引き抜いて捨てるか。そういうことがF_1種づくりには必要なのです。「雑種強勢が働いているから、F_1種は良いものだ」という理屈はもう通用しないことが、この例でも理解できるのではないでしょうか。

そして今は、雄性不稔株を見つけるのも面倒になり、「遺伝子組み換えで、ほかの植物の雄性不稔因子を組み込めばいいじゃないか」というようなことになっています。遺伝子組み換えに対してアレルギーがある間は表立ってはおこなわれないでしょうけれど、そのための研究は密かに進められているようです。遺伝子組み換えによって雄性不稔因子を組み込もうという流れは、野菜の消費者が知らない間に、今後もどんどん進んでいくでしょう。

放射線照射による新品種

キク科のように、F_1種がつくりにくい植物もあります。キク科のタンポポはご存じのとおり、一つの花に見えるのは、たった一枚の花弁を持つ花がたくさん集まったものです。これを人間が一つずつ花粉を交配するのは大変な手間ですし、雄性不稔株も今のところほとんど見つかっていません。

そこで考えられたのが、「放射線（コバルト線）を照射してみれば、何かおもしろいものが生まれるんじゃないか」ということ。実験を繰り返しているうちに、キク科のゴボウにコバルトを照射して遺伝子を傷つけると、ゴボウが短くなることがわかりました。その性質を利用して最初にできたのが、柳川採種研究会という会社がつくった「コバルト極早《ごくわ》生《せ》」という短いゴボウです。

キク科はイネと同じように自家受粉で種をつけやすい自殖性ですから、良い個体が一株でも生まれれば、それを増殖して固定種にすることは簡単です。そして、種を買った人が自家採種すれば、簡単に増やせてしまいます。しかし、それでは開発者の権利が守られません。そこで種苗の「品種登録制度」というものが生まれました。「コバルト極早生」は、昭和五六（一九八一）年に農林水産省の品種登録第74号を取っています。

一五年後に「コバルト極早生」の品種登録の権利が消えた時、この会社では「コバルト極早生」にもう一回コバルト線を照射して新しい品種をつくり出しました。こうしてできた新品種を再度品種登録したのが、前よりももっと短く、ゴボウ特有の香り（アク）のない「てがる牛蒡《ごぼう》」です。これもやはり自家採種できますが、それをすると訴えられます。

短くて香りのないこのゴボウは「サラダゴボウ」と称され、一社ではさばききれないほどの大量の種子が採れるので、他の会社でも販売されています。たとえばタキイ種苗がその種を買ってつけた名前が、「サラダむすめ」。これがサラダゴボウの中ではいちばん売れているのではないでしょうか。他の会社でもいろんな名前をつけて売られていますが、どれも袋をよく見ると「農林水産省品種登録第４４２２号」と記載されています。違う名前で売られていても、出所は同じなのです。

遺伝子組み換えの研究は今も進んでいる

放射線照射についてインターネットで調べていたら「放射線照射こそ環境汚染である」と非難しているホームページがありました。それはなんと遺伝子組み換え推進派のホームページでした。そのページでは「放射線照射に比べれば、遺伝子組み換えのほうがよっぽど環境に安全な技術だ」と一生懸命訴えているのですが、本当に遺伝子組み換えは安全なのでしょうか。

「遺伝子組み換え」には二つの方法があります。一つは「パーティクルガン法」といい、金の小さい粒子に組み替えた遺伝子をまぶして細胞に打ち込む方法です。もう一つは「アグロバクテリウム法」といい、バラなどの植物の細胞の中に入って自分の遺伝子を組み込んで根頭癌腫《がんしゅ》病を引き起こす植物土壌細菌の性質を利用した方法です。パーティクルガン法は効率が悪いようで、アグロバクテリウム法のほうが一般的です。とはいえ、なぜ菌が細胞の中に入れるのかは、一九七四年に研究が始まってからいまだに未解明。「とにかく、そういうことが起こるのだ」という程度のものにまかせて、遺伝子組み換えは行われているのです。

遺伝子組み換え技術によってつくられた最初の野菜は、有名な「フレーバーセーバー」という一カ月たっても腐らないトマトですが、今ではほとんどつくられていないようです。まずかったのと、やはり遺伝子組み換えの作物が消費者に見捨てられたということでしょう。現在は、除草剤耐性といった農薬がらみのものだけが現実に使われています。

遺伝子組み換えした作物は、花粉の飛散によって同じ仲間の植物を次々に遺伝子組み換え植物に変えていってしまいます。また、遺伝子組み換え作物の根から土壌細菌に移動して細菌間に広がり、種の違う植物をも汚染する「水平移動」もおこすといわれています。本当に怖いのは、俗に「ターミネーター・テクノロジー」と呼ばれる、遺伝子操作によって種子の次世代以降の発芽を押さえてしまう技術です。これは農家による自家採種を不可能とするために開発された技術で、世界中から反対されて今はおこなわれていないことになっていますけれど、今でもひっそり研究が続けられているといわれています。遺伝子組み換えに対するアレルギーがなくなるのを、ただひたすら待っているのでしょう。

F_1種の「伝統野菜」の是非

近年は、各地の伝統野菜を見直す動きが活発化しています。これはたいへん結構な風潮なのですが、ちょっと気になることもあります。

もともと伝統野菜というのは、全国各地の種苗店が土地の野菜を選抜育成し、維持してきた品種だったはずです。ところが、種苗店の産地向け主力販売商品がメーカー推薦の最新F_1野菜へと変わってしまっている現在では、各県の農林部などが地元農家で自家採種してきた品種を探し出し、交雑して変化した個体を取り除いて、再び伝統形質の固定化をはかっている例が多いようです。そればかりか、伝統野菜の産地形成に熱心な農業試験場などでは、F_1種の栽培に慣れた農家の求めに応じて、均一で生長が早く周年栽培できるよう改良したり、形だけ伝統野菜の形を残して味は現在の消費者の好みに合わせようと、F_1種の伝統野菜を誕生させているようです。

F_1化し大味になった野菜を、伝統野菜と称していいのかどうか、非常に疑問です。それでもこれらの野菜は、かつての固定種よりも生産効率が良いので農家に喜ばれ、さらには本当の味を知らないブランド志向の消費者にも、その特異な形が再現されているだけで喜ばれているようです。

このような動きは、本当に伝統野菜を守ることにつながるのでしょうか。有名ブランドとなった地方野菜の権利を独占するため、地域商標登録を取ったり、種苗の県外販売を禁じたりする動きとともに、今後の大きな課題でしょう。

固定種を栽培するメリット

固定種の野菜は、各地の先人たちが苦労して育て上げていった文化遺産とも言うべきものであり、その味わいは格別です。食の安心・安全が叫ばれ、平成一七（二〇〇五）年に食育基本法が制定されたこともあり、現在は各地の伝統野菜が見直される機運が高まっています。そんな今だからこそ、ぜひ多くの人たちに、野菜本来の味を持っている個性的な固定種の野菜たちを味わい、楽しんでもらいたいと思います。

そして固定種の楽しみは、その味だけではありません。家庭菜園に向いているということも、固定種の大きなメリットなのです。

プロの農家にとってみれば、均一に生育して出荷時期に一斉に収穫できるF_1種のほうが向いていています。しかし逆にいえば、生育が均一でない固定種は「少しずつ長い期間にわたって収穫することができる」ということです。そのほうが、家庭菜園をしている方にとって

早生黒まめ系の「たんくろう」（写真・埼玉県農林総合研究センター園芸研究所）

漬け物用に適した伝統野菜（新潟県）の「十全ナス」

は楽しみが増えるのではないでしょうか。一度に穫れすぎて、食べきれずに収穫物をダメにしてしまうということもありません。

また、遺伝子レベルでほぼ均一であるF_1種は、耐性のない病虫害が発生すると一気に広がり、全滅してしまうことがあります。だからF_1種の生産地では、どうしても農薬が欠かせないのです。ところが遺伝的な多様性を持っている固定種なら、たとえ病虫害が発生したとしても全滅はせずに、いずれかの株が免疫を獲得して生き残り、子孫に受け継いでいく可能性が高いのです。このことも、なるべく農薬を使いたくない家庭菜園にとっては好都合なのではないでしょうか。

そしてもう一つ、なんといっても自家採種が可能だということです。それは、F_1種のように毎年種を買う必要がない、ということだけではありません。自分で栽培したものの中から、うまくできたものの種を採り、何年か栽培を続けていくと、その栽培地の気候風土や土壌環境になじみ、よりおいしくたくましい野菜になっていくのです。いわば、地域や自分オリジナルの野菜づくりができるわけです。

固定種は今、絶滅の危機に瀕しています。しかし残念ながら、一般のプロの農家は「固定種をつくりたくてもつくれない」というのが現状です。固定種の伝統を次代に受け継いでいってくれるのは、もしかしたら家庭菜園愛好家の方々やごく一部の有機農家の方々かもしれません。

◆2章 種屋と種苗業界の推移・裏表

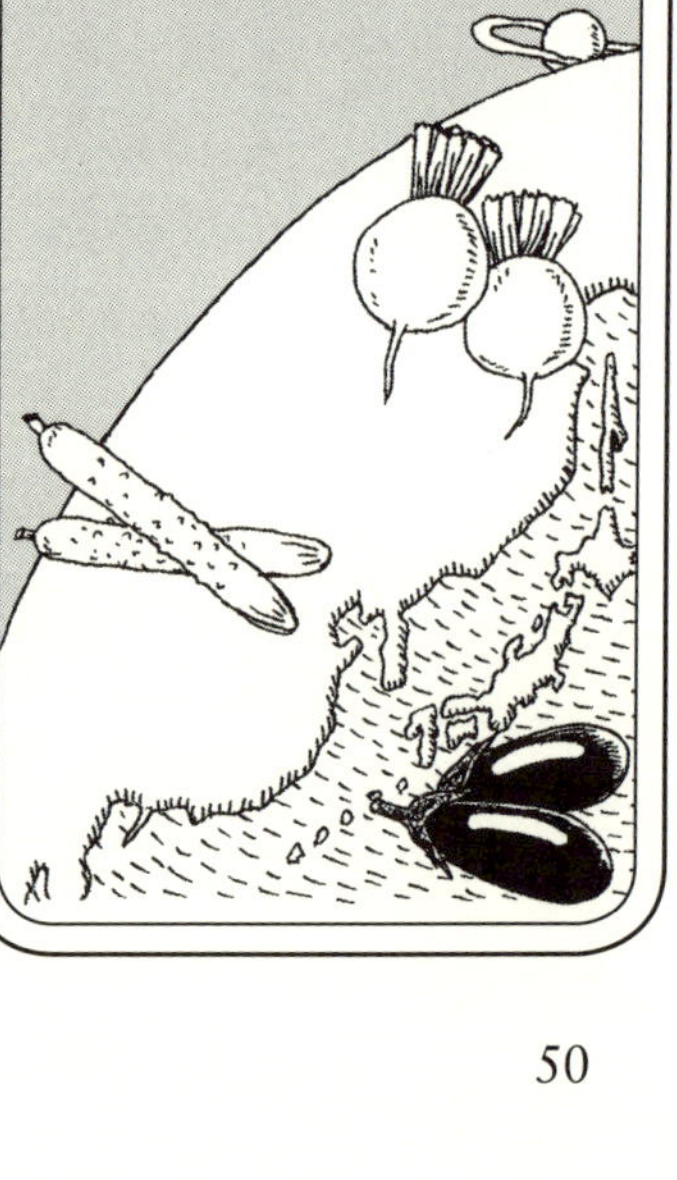

種屋の発祥は江戸時代

日本にもともとあった野菜は、ミツバやワサビなどほんの少数です。外国から移住してきた人々が大陸からさまざまな種を持ち込み、それが広まることで、長い時間をかけ、徐々に現在のような日本の野菜になっていきました。

江戸時代までは、貴族以外のすべての人が野菜を育てていました。武士も自分で食べるために野菜をつくっていたのです。ところが江戸時代になってはじめて、自分が食べるためだけでなく、人に食べさせるための野菜をつくる農家が生まれました。それ以前にも税として取り上げられることはあったでしょうが、「野菜を出荷する」市場が誕生し、八百屋や漬け物屋が生まれたのも江戸時代からです。

たしかに京都では、江戸時代以前からすでに野菜文化が爛熟していました。京都の公家社会と仏教社会とが連動して、宮中行事の必需品であったり、お供え物であったりというところから、伝統的な野菜がつくられ、伝えられていました。しかし、それはあくまでも宮中や神社仏閣の中でのことであり、広く野菜文化が花開いたのは、やはり江戸時代に入ってからのことです。

そして江戸時代には、農家が野菜を販売するようになったのと同時に、つくられた野菜の中から「良い種を残し、その種を広げていこう」という種屋の祖先みたいなものが生まれました。

たとえば、「ダイコンは尾張のものが一番」となると、当時、尾張で古くから栽培されていた「方領《ほうりょう》」という品種のダイコンの種を将軍家が取り寄せて江戸で栽培し、それが土質の違いなどで変化して「練馬《ねりま》」という品種になると、その種を売りだしたのです。つまりこれが固定種です。

また、江戸時代の中期から末期にかけて、自分の畑でできた野菜の中でいちばん良いものから種を採り、「自分の畑で採れる野菜をより良くしていこう」という農家も生まれてきました。そうすると自然に、その農家のところに行って「自分にも種を譲ってくれ」という農家が現れてきます。そういうことを繰り返しているうちに、種を専門に扱う種屋が生まれていったのです。

明治から戦前にかけ、個人商店から種苗会社へと発展

たとえば明治から第二次世界大戦前まで、東京都の豊島区巣鴨から北区滝野川にかけての中山道は「種子屋通り」と呼ばれ、当時の種屋の中心地だったといわれています。江戸時代、この地域はダイコン、ニンジン、ゴボウなどの根菜類やナス、キュウリなどの果菜類の主産地でした。農家がこれらの種を自家採種し、江戸の特産物として往来の多い中山道で販売したことが評判となり、もっぱら種を売ることを専門とする人たちが出てきたのです。

なかでも旧・東京府北豊島郡滝野川村（現・北区滝野川）の字「三軒家《さんげんや》」という地名は、江戸時代に生まれた滝野川村の種屋の元祖であり、ダイコンの「練馬」の種の普及・販路拡大に努めた桝屋の榎本孫八、越部半右衛門、榎本重左衛門の三軒が起源となっているそうです。その後は種屋が増え続け、野菜の種の一大集積地へと発展していきました。

明治二七（一八九四）年には北豊島郡内の種屋四五名によって農産物問屋組合が結成され、さらには大正五（一九一六）年には、東京の種子卸業者四五名によって東京種子同業組合が設立され、滝野川を中心にして種苗交換や原種の審査会などが日常的におこなわれるまでになりました。

このような風潮は、現在の種苗業界でもみられます。そして大正九（一九二〇）年、滝

三軒家の一角を占める、かつての桝屋の店先（写真・榎本孫久）

野川と巣鴨の五件の種屋が合併して日本最大の種苗会社である帝国種苗殖産が誕生したのを皮切りに、ヤマト種苗農具、日本農林種苗、さらに東京種苗といった会社が続々と設立されていきました。それまでの個人経営を法人組織へと移行させ、規模拡大がなされていったのです。

関西では、大阪の赤松種苗が、江戸時代からの歴史を持つ種屋として今も健在です。また現在のタキイ種苗も、もともとは京都の地場野菜の種を扱っていた種屋でした。

また、明治に入ると、外国から野菜の種が輸入されたり、逆に日本の種を外国に輸出するようになり、そのための会社も誕生していきました。横浜に本社を持つサカタのタネや横浜植木といった会社は、このような生い立ちを持っています。

F_1種とホームセンターの影響で種屋が激減

大正四（一九一五）年、日本は世界に先駆けてカイコのF_1種を実用化しました。この技術によって養蚕は日本の基幹産業となり、日本はこの養蚕によって国力を蓄えていきました。また、そのカイコのF_1種を日本中に広めるために、養蚕技師を養成する学校と蚕種《さんしゅ》（カイコの卵）屋が各地に生まれました。

種屋がいちばん多かったのは、じつは戦後の配給統制の時代です。登録していれば黙っていても種が入ってきましたし、食糧難の時代で誰もが種を欲しがりましたから、金物屋さんなど、ある程度農業と関係のある商売をしていた人は、みんな種屋を兼業していたのです。飯能にも当時は一〇軒くらいの種屋がありました。配給統制の時代が終わってからは徐々に数は少なくなりましたが、それでも多くの店が各地から仕入れた種を売っていました。

そんな昔ながらの種屋が減っていったのは、昭和四〇年代からのF_1種の普及、そして最近のホームセンターの影響です。F_1種は、とにかくそろいが良くて生育が早いですから、「これは敵わない」ということで種屋は固定種の種を売らなくなり、種苗会社から仕入れたF_1種の種ばかりを売るようになりました。

とはいえ、F_1種の種を売りはじめた当初は、その販売には苦労をしたようです。固定種のカブの種は、今の値段で言えば一dℓで一五〇〇円くらいのものですが、F_1種の種は、五分の一の量の二〇㎣で一五〇〇~二〇〇〇円くらい。新品種だと一dℓで一万円以上になります。五~一〇倍の値段がつけられていたのです。高い種ですが、より少量で畑を埋められるよう、種まき機やテープ加工を施したりすることで専門農家の便宜をはかり、なんとか総売り上げを維持することができていました。しかし、やがてホームセンターがF_1種の種を安く売るようになると、わざわざ種屋で種を買う人はいなくなってしまいました。それで今では、多くの種屋がつぶれていっています。

　ホームセンターができはじめた当初に仕入れていた種は、種子メーカーが古いF_1種の種を処分するために専用の業者に一〇分の一くらいの値段で卸したものでした。メーカーとしては、ただ処分するのにもお金がかかりますから、捨て値でもお金が入ったほうがいいわけで、いわば種子業界のゴミ捨て場のようなものだったのです。そんな種をホームセンターは拾っていたわけです。

　そのため種の品質は粗悪で、発芽しないものもあったりしたものですから苦情が絶えず、ほとんどのホームセンターがそのような種を扱うことに懲りてしまい、大手メーカーから直接F_1種の種を買い付けるようになりました。ホームセンターで、安くてちゃんと発芽するF_1種の種が買えるようになると、当然ながらお客さんは一斉にホームセンターに流れてしまいます。その影響で、たとえば私の店の場合、一九八〇年代のピーク時には売り上げが年間四〇〇〇万円くらいあったのですが、今では一二〇〇万円を切ってしまっています。

本当に、ここ二〇年で状況は一変したのです。

今、一般の人が種を買うとすれば、ホームセンターかJAに行くでしょう。専業の種屋はもう、ホームセンターで売っていないような種を売るしか生き残る術はありませんし、相当なポリシーがないと続けていけません。今は種屋は全国に一〇〇〇軒前後しかなくなってしまい、その一〇〇〇軒が熾烈《しれつ》な生き残り競争をしています。

「なあなあ」主義の種屋業界

種屋には「店頭育種」というおもしろい言葉があります。本来の育種は自分で素材を組み合わせて品種改良していくのですが、よそが開発した種を仕入れて自分の店の袋に詰め替え、店に並べて売ることを「店頭育種」と言うのです。もっともらしい名前ですが、種屋どうしの符丁のようなもので、お客さんには通じない言葉です。

このように今も昔も、良い種を勝手に自分のものにするのは種屋では常識です。たとえば、ある種苗会社では、うちのオリジナル商品である「みやま小かぶ」が全国原種審査会の農林大臣賞を取った時、少量仕入れた種をそのまま採り返して売っています。「みやま～」というのはうちの商標なのですが、その名前もそのまま。でも、そのことで争うことはありません。「暗黙の了解」といった感じの妙な世界なのです。

外国での採種が多くなってきた最近では、個々の種屋が別々に採種を行うと、日本に入れる時にはそれぞれが植物検疫の費用を負担しなければならないし、また、ロットが大きくなってしまうので、その結果、たくさんの在庫を抱えなければなりません。ですから「そんなリスクを抱えるよりは」と、数社が共同で輸入をする事例さえ耳にします。たとえば「シュンギクならば○○さんが強いから」ということで、その種苗会社が代表して外国の採種業者に委託し、入ってきた種を複数の会社で分けて別の名前で売っていたりします。

現在は、産地がF_1種以外の種を買わなくなったために、タキイ種苗やサカタのタネをはじめとする財力のある会社が突出しています。

しかし昔は、財力は違えど全国の種屋がやっていることは同じでした。「飯能の野口はカブの良いのを持っているよ」といった情報を、お互いにやりとりしていたのです。そして今でもそんな関係が、大会社の生産部と私たちのような種屋の間でも続いています。言ってみれば、種屋業界は「なあなあの世界」。昔も今も何でもありで、競争しながらも仲良くやっているわけです。

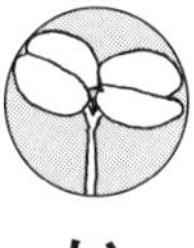

いまや海外採種があたりまえ

昔、種屋というのは信用第一で、絶対にウソはつけませんでした。なにせ、まいた種は半年たてば結果が出ますから、ウソをついて売ったところで、半年後にはお客がいなくなるのがオチだったわけです。でも、そんな伝統も今は消えてしまったようです。

ついこの間まで、ある京都の会社から仕入れていた京野菜の種は、すべて「京都産」と書かれていました。ところが四〜五年前に日本中の大きな種苗会社が集まって、「消費者の目も厳しくなってきたから、みんなで一緒に正確な産地を表示しましょう」ということになったとたん、「じつは海外で採種していました」ということで、京都の「九条ネギ」は南アフリカ、「聖護院《しょうごいん》ダイコン」はイタリアなどと表示されるようになったのです。「やっぱりそうだったか」という感じですけれど……。

最近は、種屋業界の集まりで情報交換をしても、海外での採種状況の話ばかりです。聞くと、現在流通している種で国産ものの割合は一割にも満たないそうです。

海外採種は、カイワレダイコン・ブームの頃に種が足りなくなった藤田種子という会社が、ヨーロッパやアメリカに採種を発注したのが最初です。そのことをきっかけに、他の会社でも「海外で採種したほうが安い」ということで始められるようになったのです。

とはいえ、その当初に海外採種されていたのは固定種だけでした。F_1種の採種を海外でおこなうことは、親種まで海外に出すということであり、それは企業ノウハウの流出につながります。「だから、絶対にF_1種は海外には出せない」と業界では言っていたのですが、最大手であるタキイ種苗が先頭をきってF_1種のナスの採種をインドで始めてしまいました。「タキイさんがやるのなら」ということで、他の会社もF_1種の採種を一斉に海外で行うようになったのです。

そうして海外採種が主流になっていったことが、種のパッケージの表示をも変えることにつながっていきました。たとえば、「聖護院ダイコン」はイタリアで採種しています。エーカー（四反歩、約四〇・五アール）単位の採種農場ですから、一度に採れる種は大量です。また、採種時期は日本と同じ六〜七月ですが、それから船で日本に運ばれ、港で植物検疫を受けてから、試験農場で試験栽培や遺伝子検定などで交配ミスがないことを確認します。そうすると早くても一一月になってしまい、まき時は過ぎてしまいます。ですから国内で採種するものとは一年間のズレが生じるわけです。

昔の種のパッケージには、採種年月が表示されていました。外国採種が増えてきた最近では、少ない量ではペイしないので一度に大量に持ち込んで、それを三〜四年かけて売ることになりますが、パッケージに「昨年の種です」「一昨年の種です」と標示しては売れるわけがありません。そこで種苗業界は農林水産省と相談して、パッケージの表示を「採種年月」ではなく、「最終発芽試験年月、発芽率何%、有効期間一年間」というような表示に変え、「二〇〇八年秋まき用」として売り出したのです。自分たちの都合のいいように法律を変えてしまったわけです。

種の値段は通販価格から決まる

昔の種の販売価格は、おもしろいことに種が採れる前に決まっていました。

たとえば私の店がある埼玉県飯能の場合は、埼玉県入間《いるま》郡の種屋が集まって「入間郡の小売価格はいくら」と談合して決めていたわけですが、じつはその前に、埼玉県の主だった種屋が集まって埼玉県の小売価格が決められているのです。入間郡の集まりは「それでよいでしょうか」ということを確認するだけです。当然、埼玉県の前には関東で、その前には全国の種苗会社の親玉が集まって価格を決めています。それも、通販カタログをつくらなければならない都合上、まずは大手が通販価格を決めるのです。それが全部決まった後で、種の卸売価格や山揚げ（採種農家からの買い上げ）価格はいくら、ということが決められていました。

　生産者不在のこんな構図で生産価格が決められており、おまけに海外での大量採種が増

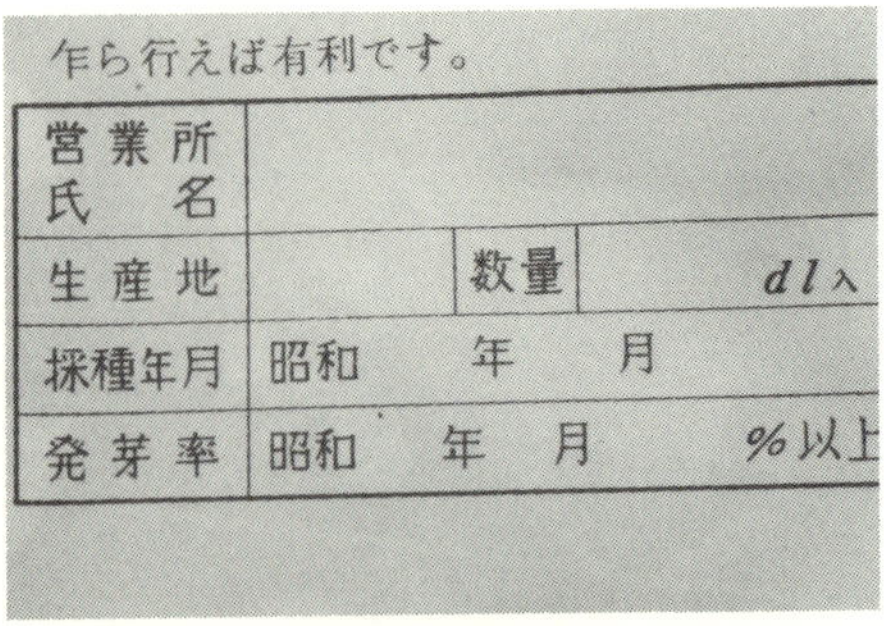

昔の種袋には、採種年月を表示

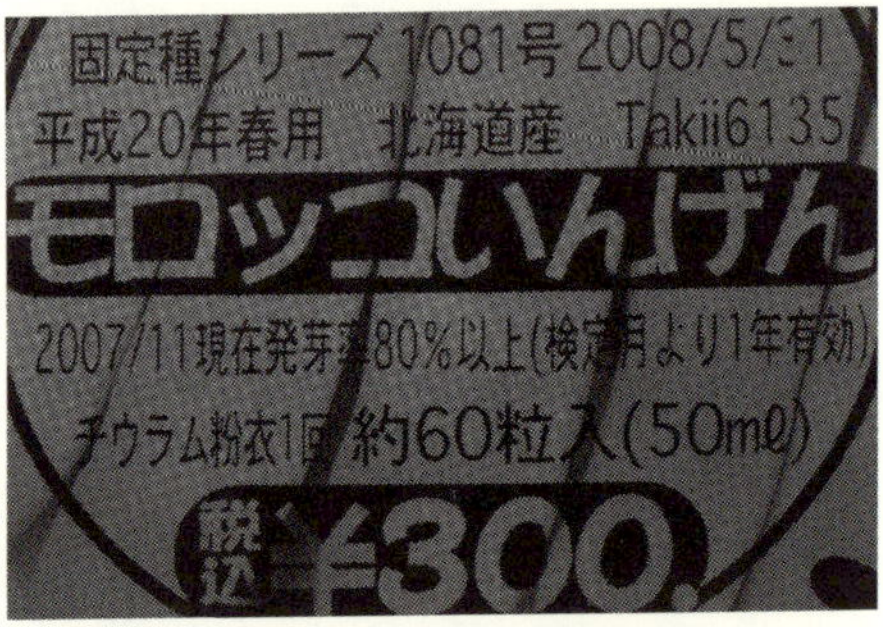

発芽試験年月を表示した現在の種袋

いまや採種地は海外が主流に

えて海外の価格が基準になっているために、種生産の価格は数十年全然上がっていませんでした。それでは固定種の採種農家はやっていけません。他の第一次産業の例にもれず、高齢化や後継者不足の影響もあり、全国で採種農家は激減してしまいました。さらにいうと、採種農家はもともと、自然に変な交雑が起こらないように山間の集落にあり、林業と兼業で行っている人がほとんどです。ですから現在の林業の凋落《ちょうらく》も、採種農家が激減している原因の一つとなっています。

なお、種苗会社が販売している種は、すべて国内外の採種農家によって生産されています。種苗会社の農場は、栽培試験や育種途中の素材の保持など研究用に使われるだけで、販売種子の生産には使われていません。売られている種は、すべて原種を託された採種農家の畑の産物です。

種子業界はバイオメジャーに乗っ取られる？

日本人には遺伝子組み換えにアレルギーがあり、日本の各メーカーは「遺伝子組み換えを絶対にやりません」と言っています。しかし、平成一三（二〇〇一）年四月三日に農林水産技術会議事務局が出した公式なプレスリリース（報道機関向け発表文）には、タキイ種苗が申請者となって、雄性不稔遺伝子と除草剤耐性遺伝子を導入したカリフラワーとブロッコリーの解放系利用栽培計画の確認申請が出され、それが「農林水産分野等における組換え体の利用のための指針」に適合していることを確認した、ということが示されています。解放系とは、実験室や隔離圃場《ほじょう》での試験栽培を終了した作物をいよいよ外に出して、栽培試験をするということです。日本の企業だって、やることはやっているのです。

しかし、それにも増して不安なのは、バイオメジャーによる種子市場の寡占化です。

これまでに商品化された遺伝子組み換え作物は、じつはすべてシンジェンタ（スイス）、バイエル（ドイツ）、モンサント、ダウ、デュポン（以上、アメリカ）の五社によって開発されたものであり、この五社は世界の農薬市場の六八％を占めているといわれています。「この農薬を使えば、他の植物は全部枯れるけれど、この作物だけは大丈夫」といった戦略で農薬と遺伝子組み換え品種をセットで販売し、利益を増大しようとしているわけです。

そしてその策略の中に、世界の種子業界も取り込まれつつあります。二〇〇四年には、種子市場で世界第六位だったアドヴァンタ社（オランダ）がシンジェンタとモンサントに、また二〇〇五年には、同五位だったゼミニス社（アメリカ）がモンサントに買収されています。種苗会社を支配して組み換え体にする遺伝子素材を確保するとともに、そこに自分たちがつくった遺伝子組み換え種を売らせようとしているわけです。この買収された二社は、日本で最大手のタキイ種苗やサカタのタネよりもずっと規模の大きい会社です。日本のメーカーも、いつ乗っ取られるかわかったものではありません。そうなってしまったらもう、固定種云々のレベルの話ではなくなってしまいます。

◆3章 野口種苗研究所を受け継いで

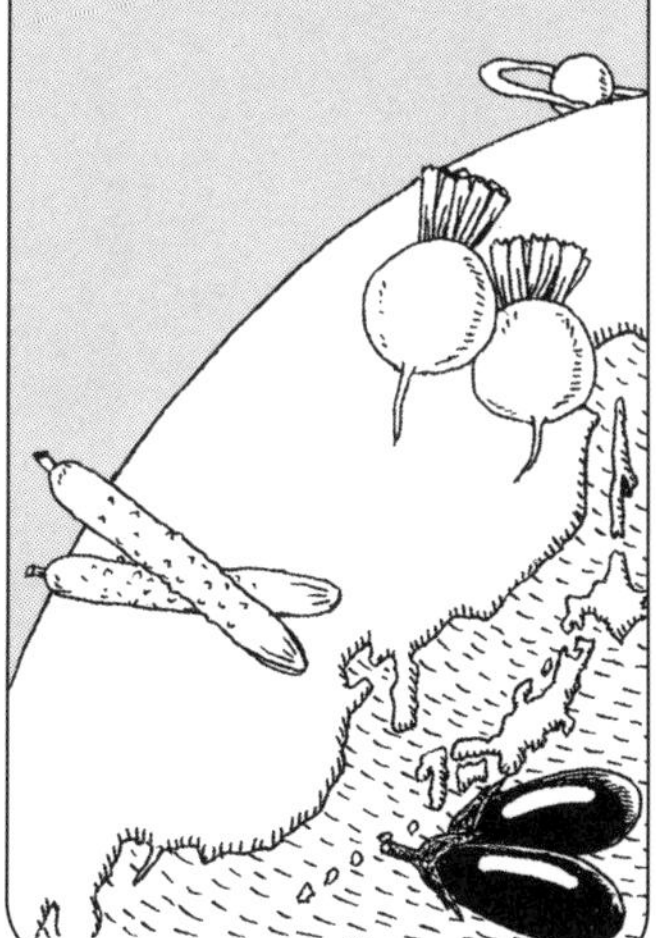

野口種苗研究所の誕生

私の祖父である野口門次郎が、実家の兄が生産する蚕種の販売と野菜種子販売を併せた店として「野口種苗園」を飯能の商店街の借家で開店したのは、昭和四（一九二九）年のことでした。戦前、地方で種屋の屋号を持っている家のほとんどは、もともと蚕種を扱っていた店でした。ちなみに過日、古い種だんすを処分した際、裏を見ると昭和三年の蚕種価格表が貼ってあるのを見つけました。

昭和二〇（一九四五）年の終戦とともに、私の父である野口庄治が野口種苗園を継ぐことになったのですが、戦中・戦後の野菜の種はひどい状況に陥っていました。戦中はどこの採種農家も、男が戦争に駆り出されたため、採種がいい加減になってしまい、日本中の固定種野菜の原種がガタガタになってしまっていたのです。また、戦後すぐは種が配給制度になったため、全国の種苗業界の親玉連中が新しくて良い種を順送りに取ってしまい、地方の小売店に下りてくるのは古い発芽しないような種ばかりでした。当時は食糧難で、店の前に行列をつくって種を争って買っていくような時代でしたが、「まいても生えない」という苦情がよくあったのだそうです。

「発芽しない種ではお客さんに怒られてしまう。売る前になんとか種の発芽だけでも試験できる器械ができないか」ということで、庄治が考案したのが「発芽試験器」です。素焼き床をセルロイド（現在はプラスチック）の容器に入れただけのものですが、これが、なかなか具合がいい。

ならば、「日本中に種が発芽するかどうかわからなくて困っている種屋がいっぱいあるはず。せっかくつくったのだから、日本中の種屋に発芽試験器を売りたい」ということになったのですが、なにぶん一人でやっていましたから、日本中の種屋に売り歩くわけにはいきません。

そこで、営業に回ってきた大手種苗会社の営業マンに「発芽試験器を売ってくれないか」と頼んでみたところ、「野口種苗園なんて名前じゃ売れない。ハクをつけるために、何かそれらしい名前に変えてくれ」と言われて、現在の「野口種苗研究所」という偉そうな名前になった、というわけです。

1950 年頃の店先。西武池袋線の飯能駅近くの商店街の一角にあった（左から父・庄治、祖母・きく、著者、妹・益代、母・芳江）

1970 年前後の店先（上の写真と同じ場所）

発芽状態を検査する

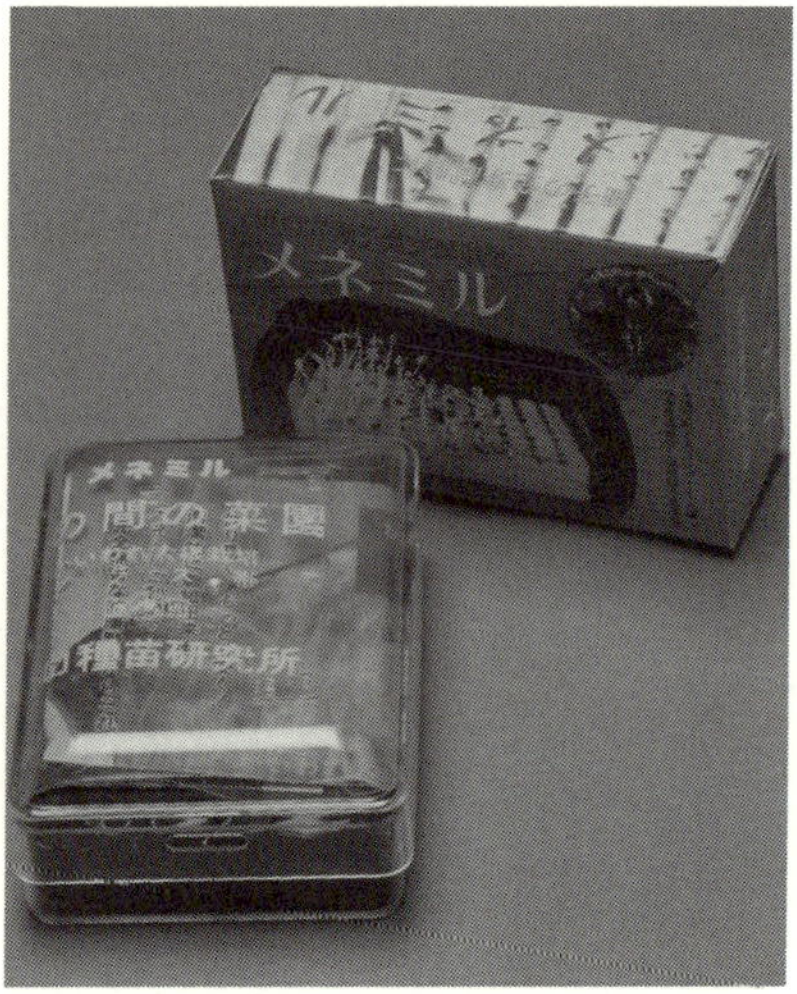

父の庄治が考案した発芽試験器「メネミル」

この発芽試験器の名称は、メネミル。各地の種屋に好評でした。今でも、貝割れダイコンなどのスプラウト野菜の栽培にも使えるということで、おかげさまで売れています。ちっとも儲けにはなりませんが……。

私の店がある埼玉県の飯能は、田んぼがほとんどなくて畑も小さいので、つくっているのは基本的に自家用の野菜だけです。うちの店は、そういうお客さんを中心に商売をしてきました。自家用の野菜にははやり廃《すた》りがありますし、量的にもさばけませんが、要望があるかぎりいろんな種を扱っていましたし、その中で需要のあるものは自前で種を採っていました。

自前で種を採っているものの一つ、キュウリの「奥武蔵地這《じはい》」は、もともと戦中に帝国種苗殖産が「満州に行った日本人のためのキュウリを満州でつくろう」ということで、日本の種と満州の種を掛け合わせてつくったものです。敗戦後、技術者はこの原種を持って命からがら帰国してきたのですが、会社はすでにありません。

その技術者がたまたま当店に来て「自分は郷里に帰って農家を継ぐけれど、満州でつくった地這いキュウリの良い原種があるから、これをおたくでつないでくれないか」と種を託していきました。そうして毎年種を採り継いできたのが「奥武蔵地這」です。

ほかにも「全国原種審査会」で農林大臣賞を連続受賞していた「みやま小かぶ」や「のらぼう」というこの地域だけのナッパ、それにダイコン、ニンジン、ゴボウ、ハクサイなど、一時は十数品種の種を採っていました。

そんな店を昭和四九（一九七四）年に継いだのが、三代目の私、野口勲です。

家に保管されている戦前の当座帳（仕入帳）

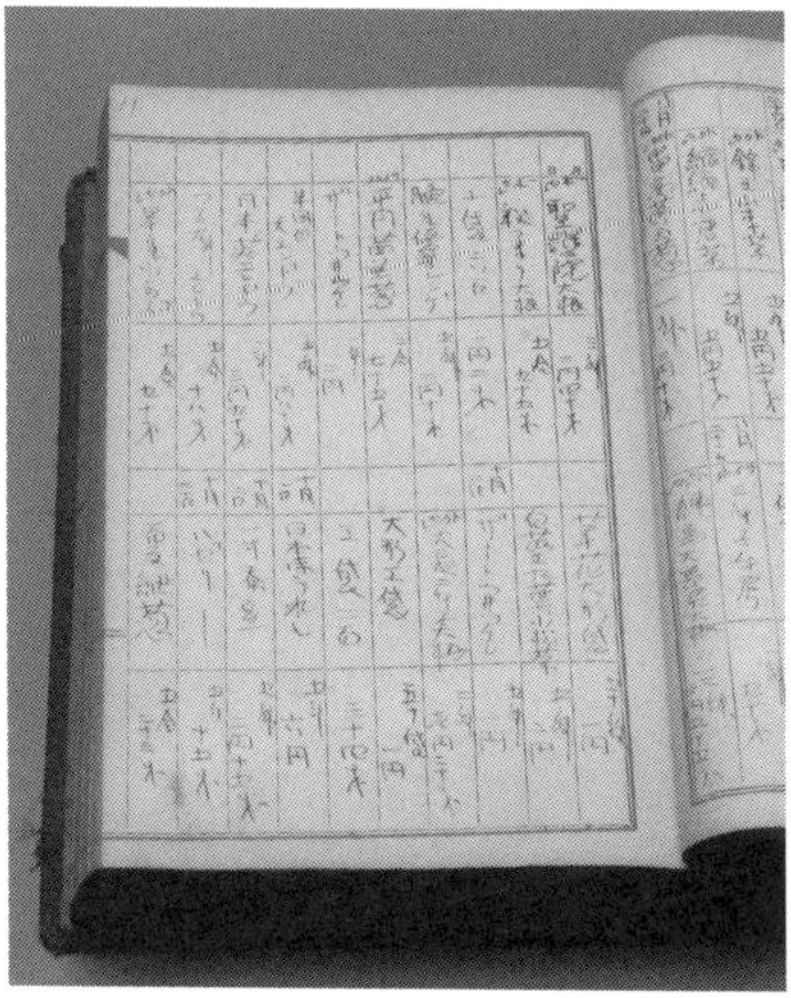
品種、仕入先、仕入値などが克明に記入されている

虫プロの漫画編集者から転身

F_1種が出回りはじめたのは、ちょうど私が高校生の頃です。「もう固定種の種屋はダメだな」と思い、じつは家業の種屋を継ぐ気は、さらさらありませんでした。もともと漫画好き、なかでも手塚治虫先生のファンでしたから、漫画雑誌の編集者になって手塚先生のそばで仕事をしたいと考え、大学は国文科に行きました。

大学二年生の時、虫プロダクション（通称、虫プロ。手塚治虫が創設したアニメーション制作会社）の社員募集を知って受験。なんとか合格したので大学を中退し、虫プロに入社しました。虫プロの出版部に所属し、念願の手塚先生の担当編集者として、社内で発行する雑誌「鉄腕アトムクラブ」やその後身の漫画専門誌「COM」で『鉄腕アトム』や『火の鳥』の原稿をいただいていました。紺の背広上下に赤いネクタイをしめた、成長した鉄腕アトムの絵が目の大きさなどが担当者である私に似ていることもあり、社内では一時的に「アトムちゃん」と呼ばれたこともあります。

ちなみに『火の鳥』で現在広く売られている版の初代担当編集者は、じつは私です。一緒に徹夜をするなど常に近くで接することで、手塚先生の終生のテーマは「生命の尊厳と地球環境の持続」であることを知り、たいへん感銘を受けたことを今でも覚えています（今では、どこかで私の種屋の生業につながっているテーマだと思っています）。

手塚治虫先生の担当編集者として、成長した鉄腕アトムの絵などを受け取る

飯能青年会議所の記念事業として、地元に鉄腕アトム像を設置

鉄腕アトム像の除幕式（1983年）に出席した手塚治虫先生とともに（左・著者）

その後、いろいろあって昭和四二（一九六七）年に虫プロを退社しました。それでも、種苗会社に研修に行ったり店の仕事を手伝ったりしながら、漫画編集稼業も併行して行っていました。しかし残念ながら昭和四八（一九七三）年に虫プロが倒産してしまい、私もその翌年から、完全に家業に落ち着くことにしたのです。

固定種のインターネット販売を主力に

私が店を継いだ頃は、種の業界が大きく変化していて、その中でどうやって生き残っていくかを試行錯誤する時代でした。当初は花を仕入れて園芸店のようなことをしてみたり、農薬や肥料、農業用のビニールなんかを売ったりもしていたのですが、なにせスーパーマーケットやホームセンターなどの大型店に客を取られて商店街に人通りがなくなっており、何をやってもダメでした。

「これからの時代、F_1で安売り合戦をしても意味がない。うちは味の良い全国の固定種をそろえて、日本の野菜を固定種に戻していこう」と決心したのが平成一二（二〇〇〇）年のことです。手塚先生のテーマを身近に感じていた私にとって、種を採り継ぐことで生命が持続しながら変化し、発展していく固定種野菜の復活に挑戦することは、自然ななりゆきだったのかもしれません。

こうして、生前の手塚先生に許可していただいた「火の鳥」の看板を店先に掲げ、日本各地や世界の固定種野菜の種子の収集・販売をすることになりました。同時に、インターネットを通じての通信販売も始めました。

今、ほとんどの種屋は指定産地などの大農家を相手に、毎年F_1種の新品種の売り上げを競い、併せて肥料や農薬も売っています。私のところのように固定種を専門に扱っている種屋は、圧倒的少数派です。

伝統野菜や地方野菜の見直しなどの機運にも恵まれ、また新聞や雑誌、テレビなどの取材が相次いだこともあって店の名前も少しは知られるようになり、遠方からのお客さんが来てくれたりするようにもなりました。

それでも人々の商店街離れはいかんともしがたく、売り上げ減に打つ手がなくなってしまいました。高い家賃を払って商店街で店を続ける意味がなくなり、また町はずれに暮らす両親の面倒をみなければならないこともあり、平成二〇（二〇〇八）年の五月、ついに商店街にあった店をたたみ、店舗を移転してインターネット通販を主力にした店へと変身を遂げることになりました。

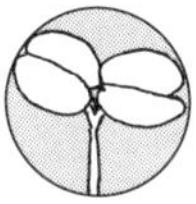

こだわりのパッケージ

種屋業界は、昔から盆暮れ勘定の業界です。春まきの種を売り終わるのがだいたい6月頃。その頃に種苗会社が集金にやってくるので、その時に秋まきの種の注文をします。そ

絵袋はパソコンのデータベースソフトで作成

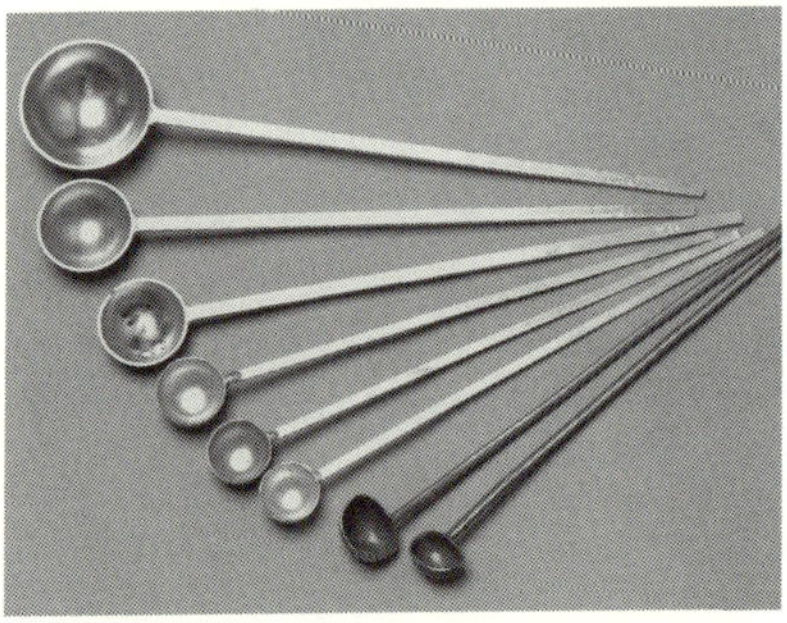

種の計量スプーンいろいろ

小麦を水で溶いて煮つめたノリとハケ(筆)

計量マスと、表面を均一にする棒

金属製の計量マスいろいろ

して秋まきの種を売り終わる一一月頃にまた集金に来るので、その時に春まきの種の注文をするのです。

固定種の種を種苗会社に注文すると、たいていは一ℓ詰めのポリ袋か缶詰で送られてきます。うちでは、それをだいたい三〇〇円になるように小分けして小袋に詰めて販売しています。袋を閉じるためのノリには、小麦粉を水で溶いて煮つめたものを使っています。これが紙袋にいちばんよくなじむようです。

固定種を専門に扱うようになって、特にこだわっているのは種のパッケージです。その袋の多くを自作しているのです。パソコンのデータベースソフトで作成してプリンターで印刷するまで、すべて店内での手作業で行っています。

計量した種を袋に入れる

絵袋にノリを塗り、袋をとじる

固定種が全盛の時代には、どこの種屋でも絵袋を専門につくっている業者から袋を仕入れて、小分けしていました。しかしF_1種の時代になってから、ほとんどの種屋は大手からパッケージされたものを仕入れて、それをただ販売しています。固定種そのものが流通しなくなっているために、絵袋業者でも印刷用の版が廃版になってしまっているものが多く、それ用のパッケージを自分でつくらなければならないわけです。

まあ手間は大変ですが、その固定種の種に対する思いを込めることもできるので、このパッケージをつくっている時がいちばん楽しかったりもするのです。自分の仕事のことを「一種のパッケージ屋さんみたいなもんだ」と言って、けむに巻くこともあります。

なお、移転後の店先にも『火の鳥』の看板を掲げています。もちろん、生前の手塚先生から許可を得ており、『火の鳥』のようにあらゆる生命が光り輝く地球となるよう願っているからです。

第２部

今どきの野菜の種明かし

「早生真黒茄子」は肉質が美味の固定種ナス

◆1章 ヒョウタンで知る固定種づくり

一般的にヒョウタン（瓢箪）は中ほどがくびれており、オモチャのだるまのような形をしていて、味は苦くて食べられたものではありません。乾かして中の種を採り、昔は日本では酒を入れる容器として使われていたことが知られています。

一方、野菜として食べられているユウガオ（夕顔。果肉を細長くむいて干してつくるカンピョウの原料となる）は、形は長かったり丸かったりしますがくびれはなく、果色は淡緑色、もしくは緑色で苦くありません。

じつは前者のヒョウタンは後者のユウガオ（ウリ科）の変種であり、植物学的にはまったく同じものです。染色体数も同じですから、掛け合わせて種を採ることもできます。

では、なぜ、まったく同じ植物が、くびれていたり丸かったり、苦かったり苦くなかったりするのでしょうか。

ヒョウタンと人類の歴史

農耕の発祥についての定説は、八〇〇〇～九〇〇〇年くらい前、メソポタミアで小麦の栽培が、そして中国で稲作がほぼ同時期に発生し、そのことが四大文明の始まりになったとされています。農耕を始めたことによって人類がその地に定着し、灌漑《かんがい》などで地域をまとめる必要性が生じ、ヒエラルキーを持った文明社会が発生した、というわけです。

しかし、この定説に異を唱えている人もいます。民族植物学が専門の東京農業大学農学部教授の湯浅浩史先生は、「現在と同じ人類が農耕を始めたのはアフリカで、最初に栽培された植物はヒョウタンではないか。ヒョウタンを栽培して、加工品（水筒）として携帯することによって、人間は初めて水を持って海を渡ることができたのではないか」という説を唱えています。

南アメリカに人類が渡ったのは一万二〇〇〇年前であり、一万年以上前のヒョウタン（くびれのない形のもの）が南アメリカの遺跡から出土しています。これには説が二つあります。一つは、アフリカ大陸のヒョウタンが中がカラカラの空っぽになって、ドンブラコッコと大西洋を渡っていったという説。そしてもう一つは、人類はヒョウタンの種を持って移動したのではないか、という説です。

私は、人類はヒョウタンの種をまいて育てながら移動したんじゃないかと思います。そして、ヒョウタンを持って移動したということは、ただ水入れとして使っていただけではなかったはずです。

私の地元のお客さんの話ですが、その方のおじいさんが亡くなった時、縁の下に種をたくさん入れたヒョウタンがいっぱい遺されていたのだそうです。その種は「何が何だかわからないから、みんな燃やしちゃった」そうで、もったいない話なのですが、たぶん、南アメリカに渡った当時の人類も、このようにヒョウタンの中に大事な種を入れて持ち歩いたのではないでしょうか。そして当然ながら、ヒョウタンは食料にもなっていたはずです。このようにして、アフリカ原産のヒョウタンは人類とともに世界中に広がっていったのでしょう。

現在のヒョウタンは、ニューギニア高地人がペニスケースにしているものから、私たち日本人だけが食べているカンピョウまで、多種多様の形がありますが、その遺伝子はすべて同じです。アフリカには多年生のヒョウタンまでありますが、世界中に広がっているのはアフリカの数あるヒョウタンの中の、ほんの一部のものが形態を変化させたものなのです。

人類が各地に広がっていく時に持っていたものは、あくまで物入れかつ食料であり、くびれた形は必要ありませんから、当時の遺跡から出土しているのはユウガオ型です。ところが、それが中国に渡ると、食料としてではなく権力の象徴としてくびれたヒョウタンの容器が使われるようになりました。

そんなことから、形を重視したヒョウタンが発展していったようです。『西遊記』に出

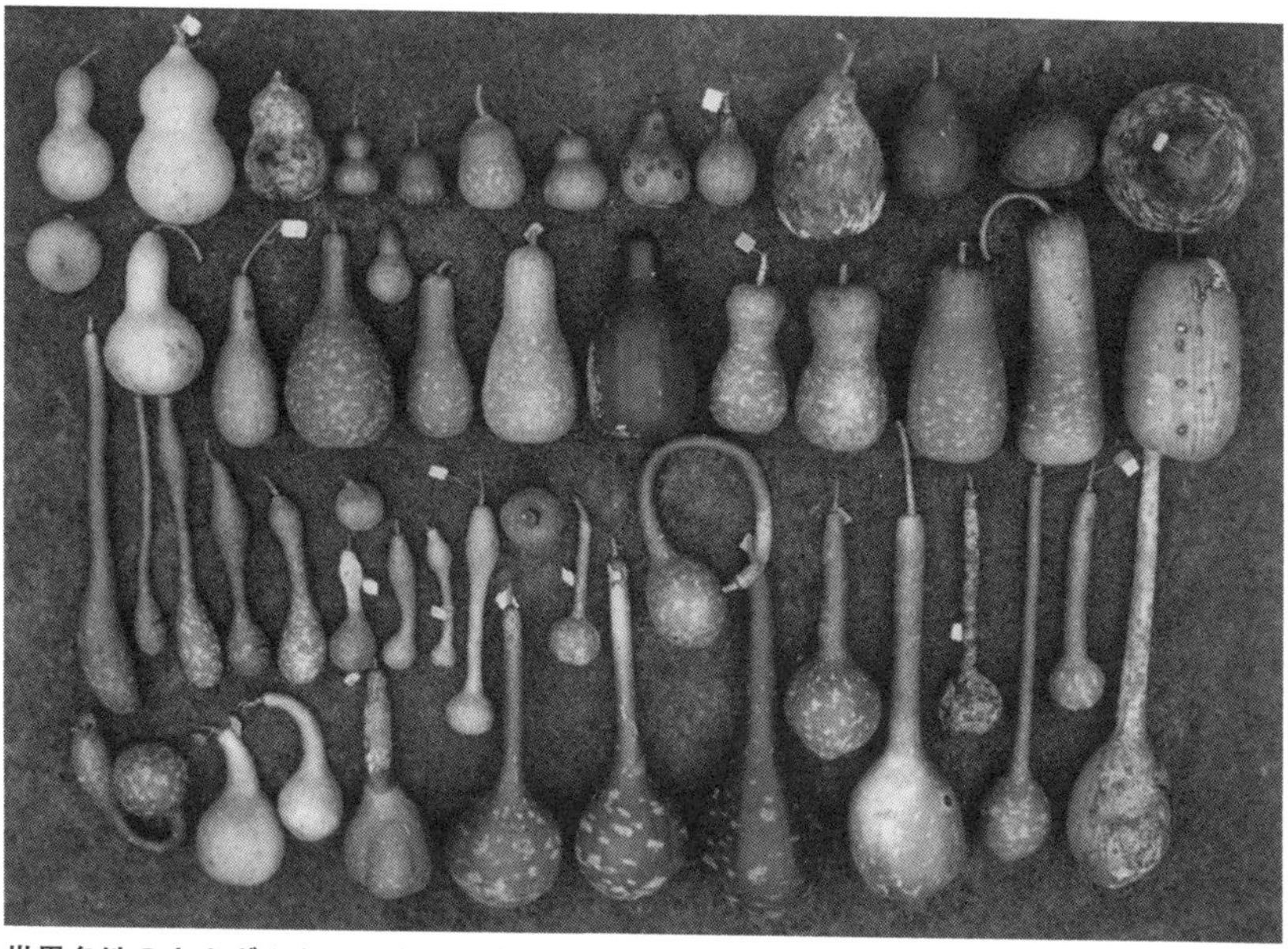

世界各地のさまざまなヒョウタン（写真・湯浅浩史）

てくる、金角と銀角の魔法のヒョウタンもくびれた形です。日本でも、有名なところで、豊臣秀吉が馬印を千成瓢箪《びょうたん》にしていました。

　とにかくヒョウタンはいろんな形に、その時々の人の嗜好によって変化をしていきました。そして、形を重視して食料ではなくなった時に、苦みが出てきたわけです。

苦くないヒョウタンもつくれます

　一般には「ヒョウタンは苦いから食べられない」と思われています。ククルビタシンという、ウリ科植物に特有のステロイドの一種がこの苦みの正体で、ニガウリの苦みも、キュウリが苦くなるのも、このククルビタシンが発現しているからです。もともとヒョウタンの原種は苦いものだったはずですが、世界中の人は、苦くないものを選んで食用としてきました。カンピョウは日本だけの食べ物ですが、東南アジアではユウガオを食用として食べていたりします。日本でも、各地で「ヒョウタンの漬け物」は売られています。つまり、苦みのないヒョウタンだってつくることができるのです。その理由は、メンデルの法則を思い出してもらえればわかりやすいはずです。

繰り返しますが、くびれていて苦いヒョウタンと、くびれていなくて苦くないユウガオは、植物学的にはまったく同じもので、遺伝によって発現する形質が違うだけです。つまり、掛け合わせることができるのです。そして、味でいえば苦みがあるのは顕性形質（仮にA）で、苦くないのが潜性形質（仮にa）、形でいえば、ユウガオみたいなくびれのない形が顕性形質（仮にB）で、くびれたヒョウタン型は潜性形質（仮にb）なのだそうです。つまり遺伝子型がAA、Aaのものは苦く、aaのものは苦くないものとなり、BB、Bbのものはくびれがない形、bbのものはくびれのある形になるわけです。

メンデルの法則の理屈でいけば、「苦いヒョウタン型」の純系（AA・bb）と「苦くないユウガオ型」の純系（aa・BB）を掛け合わせると、その子はすべて「苦いユウガオ型」（Aa・Bb）になります。そしてこの（Aa・Bb）どうしを掛け合わせて種を採ると、「苦いユウガオ型」（AA・BB、AA・Bb、Aa・BB、Aa・Bb）、「苦いヒョウタン型」（AA・bb、Aa・bb）、「苦くないユウガオ型」（aa・BB、aa・Bb）、「苦くないヒョウタン型」（aa・bb）のすべての組み合わせが出てくるはずです。つまり「苦くないヒョウタン型」は潜性形質だけが入っているものなのです。

固定種をつくろうとするとき、必要とする形質が顕性形質の場合は固定化していくのは難しくなります。ここでの例でいえば、「苦くてユウガオ型」のものを固定化しようとして、そのようなものを選んで掛け合わせたとしても、見た目や味ではわからない潜性遺伝子（aやb）が必ず潜んでいるため、掛け合わせを進めていくうちに、どこかで苦くないもの、ヒョウタン型のものが出てくる可能性があります。

しかし潜性形質、ここでいえば「苦くないヒョウタン型」を目的として固定化する場合は、顕性遺伝子（AやB）が入り込んでいる可能性がないので、それほど苦労がありません。苦くなくてヒョウタン型のものをきちんと選べば、それは（aa・bb）の遺伝子型を持っているはずですから、これどうしをいくら掛け合わせても（aa・bb）しか生まれないわけです。

こうして掛け合わせを進めることで、おそらく三年もすれば苦くないヒョウタンが固定化できるはずです。おそらくこのようにして、各地で固定種の食用ヒョウタンがつくられていったのでしょう。

小学校でぜひヒョウタンを扱ってほしい

食用ヒョウタンをつくって、それで町おこしをしているようなところはいくつかありますが、残念ながら食用ヒョウタンの種は売られていません。おそらく食用ヒョウタンをつくっている農家は、漬け物屋さんなどに頼まれてつくっている委託農家などなのでしょう。

店スタッフ（小野地悠）が育てたヒョウタン

中国ひょうたんの種袋

だるまひょうたんの種袋

台湾大瓢の種袋

うちの店でも、食用ではないヒョウタンの種を扱っています。ヒョウタンの種を買いに来るのは、主に学校です。ウリ科の植物は雄花と雌花があるために、小学校の理科の教科書によく取り上げられており、教材として地元の小学校が種をまとめて買ってくれるのです。

ところが、これで困るのは、教科書の内容が変わるたびに、その作物もコロコロ変わってしまうことです。雄花と雌花の役割の違いという同じことを紹介しているのですが、それにヒョウタンが取り上げられている時はヒョウタンの種ばかりが売れ、それがヘチマやオモチャカボチャ（観賞用カボチャ）に変わると、とたんにヒョウタンの種は売れなくなってしまうのです。一時はうちの店でも、ヒョウタンを十数種類仕入れていたのですが、最近では一つも売れないで、全部残ってしまう種もあります。

ヒョウタンは、私の地元では四月下旬に種をまき、五月に花壇やプランターなどに植えつけます。支柱を立てておくとヘチマ、ゴーヤ、アサガオなどと同様につるが伸び、夏に開花します。網やヒモを活かして窓辺やバルコニー、外壁などに張っておくとつるが這い、夏の日ざしをやわらげ、葉から水分を蒸発させることで気温の上昇を抑えるグリーン・カーテンとなり、秋に結実します。

人類の歴史上も重要な作物であり、またメンデルの法則を理解するのにも役立つヒョウタンを、ぜひ小学校で扱ってもらいたいところです。

◆2章 キュウリの味覚・外観・素性

キュウリの分類

北部インドからネパールあたりが原産地といわれるキュウリ（胡瓜）が日本に入ってきたのは、江戸時代以前のことです。その頃のキュウリは中国の南部を渡ってきた「華南系」といわれるもので、全体に白っぽい色をしていて、黒いイボがありました。ところが明治時代に入ると、それとは別に中国の北部を渡ってきた「華北系」といわれる、全体が青くて白いイボがあるキュウリが日本に入ってきました。

黒イボの華南系キュウリは、味は非常に良いけれど皮がかたく見た目が悪い。これに対して白イボの華北系キュウリは、皮が薄くて歯切れが良く見た目も良い。そういう理由から、市場に流通するキュウリは、白イボの華北系キュウリに席巻されていきました。今、流通している華南系のキュウリは、わずかに「相模半白《さがみはんじろ》」だけです。

もう一つ、キュウリは「地這《じは》いキュウリ」（地這いを慣用的にじばいと読むこともある）と「立ちキュウリ」という分類の仕方をすることもあります。

ウリの仲間は雌花と雄花が別々で、雌花にだけ実がつきます。もともとキュウリは、親づるには雌花のつきが悪くムダ花も多いので、適当なところ（本葉五～八枚くらい）で親づるを切り（これを「摘心《てきしん》」といいます）、葉の付け根から伸びる子づるを三～四本伸ばして広げ、この子づるや孫づるについた実を収穫します。このようなキュウリを枝なりキュウリ、または飛び節キュウリといいます。また、子づるや孫づるを伸ばし、その葉に日光を当てるためには広い場所が必要で、地面に這わせて栽培するので、地這いキュウリともいわれます。露地栽培で子づるが繁茂した夏以後によく実をつけるので、夏キュウリともいいます。

それに対して親づるの節ごとに雌花がつくように改良された品種を、節なりキュウリといい、これは支柱栽培をすることができます。これがすなわち、立ちキュウリです。「相模半白」は節なり性が強いキュウリです。しかし、昔の節なりキュウリは夏になると親づるにあまりならなくなるので、春から初夏までの早出し用に使われていました。そのため、これらを春キュウリと言っていました。現在、一般に売られているF_1種キュウリは、緑色で白イボの華北系キュウリに華南系の節なり性を取り入れ、周年節なりになるように改良された立ちキュウリです。

立ちキュウリは狭い場所でも集約的に栽培できるために、「ハウスで一年中キュウリを収穫したい」という農家が栽培しています。実がつく期間は短いのですが、新しい苗をつくっておいて、年に何回も回転させることで、通年で収穫をすることができます。一方、地這いキュウリは、なり始めは遅いのですが、霜が降るまで収穫することができます。

私の店では「立ちキュウリ」と「地這いキュウリ」両方の苗を売っていますが、たまにお客さまに「立ちキュウリというから買ったのに、自分で立たない」と言われることがあります。でも、それはあたりまえです。限られた面積でたくさんの収量を得るために、支柱に縛りつけ無理矢理立たせているのであって、キュウリ本来の姿は地這いです。

地這いはキュウリ本来の姿（「奥武蔵地這」）

支柱栽培による立ちキュウリ（「相模半白」）

「青大」の健全な果実

固定種の「青大」を栽培（広島県福山市草戸）

今は、F_1種と固定種の判別がつけにくくなっています。昔はF_1種と称することが「良いもの」のシンボルでもあったのですが、今ではほとんどがF_1種なので、いちいちF_1種と称さなくなってきているのです。たとえば同じ「～四葉《すうよう》」と称するキュウリのうち、神田育種農場の「神田四葉《かんだすうよう》」は固定種ですが、その他の「～四葉」は、ほとんどF_1種です。

キュウリの曲がる、曲がらないは、品種の問題ではなく、物理的な環境と水の供給に左右されます。

地這いキュウリは実が地面に接しているので、物理的に曲がらざるをえないものがたくさん出てきます。こういう栽培だと曲がるのは仕方がないことです。それをまっすぐにするために、ネットを張ってぶら下げたりするわけです。

キュウリの苦みは旨さのあかし

大雨が降ったり乾燥したりして水の供給が不安定になると、頭が大きくなったり、尻が膨れたりするものができます。これらのストレスを受けて変形した固定種のキュウリは、往々にして苦みが出てきます。

キュウリの苦み成分は第2部1章でもふれましたがククルビタシンといい、ニガウリ（ゴーヤ）の苦み成分と同じです。ウリ類が病害虫などから身を守るために持っているククルビタシンは、生育途中でなんらかのストレスがかかり、生長が弱ったりしてくると発現するそうです。

たぶん、このままでは「死んでしまう。なんとか子孫を残さなくては」という命のあがきが、果実に苦みを蓄積させて、種を病害虫や鳥などから守ろうとしているのかもしれません。順調に育っている時には、苦みが強く出ることはほとんどないのですから、無理な早まきや低温下での植えつけを避け、キュウリにとって生育に適した温度条件など快適な環境で育てたいものです。

さて、F_1種のキュウリはまず、この苦みが出ないように改良されました。しかし、その結果、固定種時代の昔のキュウリが持っていたかすかな苦みと旨味がなくなってしまったのです。

市場を一変させたブルームレス・キュウリ

残留農薬や食の安全性に対する関心が高まってきた昭和五九（一九八四）年、日本のキュウリ市場をガラッと変える技術が誕生しました。ブルームレス・キュウリの誕生です。

ブルーム（果粉）とは、キュウリの表皮についている白い粉のこと。この粉はキュウリが土中から吸収した珪酸《けいさん》を蠟《ろう》分に変えたもので、水をはじき、病気や害虫から実を、つまりは自分の子孫を守るために出しているものです。ブルームレス・キュウリとは、この白い粉のつかないテカテカ光るようなキュウリのことをいい、品種を指すものではありません。

近年、再び求められるようになったブルーム・キュウリ

抜群の風味を誇る固定種キュウリの「相模半白」。ブルームつきである

キュウリは、自身の根で育ったものよりも、カボチャの台木に接《つ》いだもののほうが耐冷性や耐病性に優れているため、その頃はさまざまな台木の試験がおこなわれていました。そんな中、「輝《き》虎《とら》」という品種のカボチャの台木にキュウリを接いでみたところ、ブルームのないキュウリができることがわかりました。「輝虎」の台木は、ブルームの素となる珪酸を吸収する率が非常に悪く、キュウリはブルームをつくることができないのです。

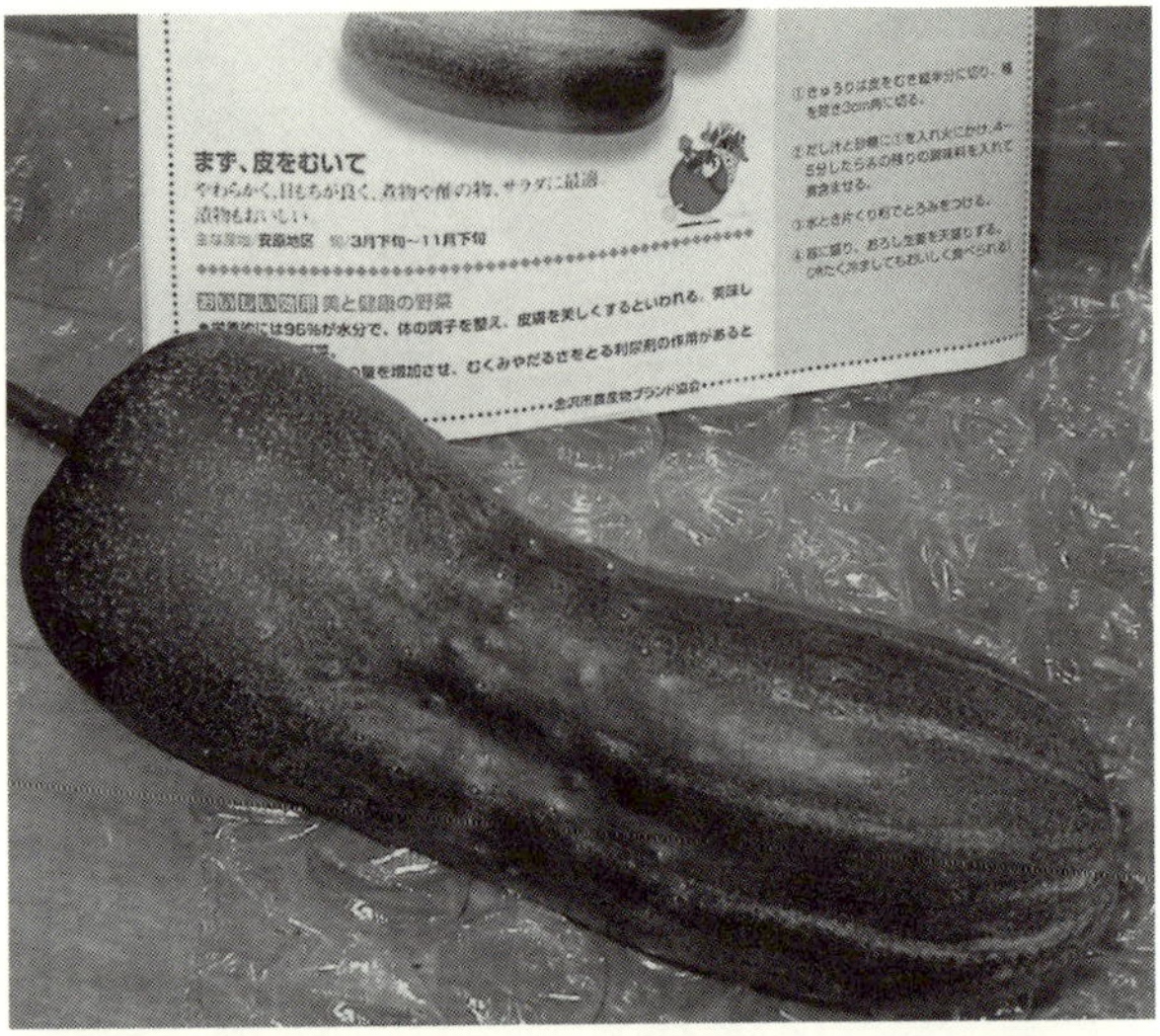

赤松種苗（大阪府）の店頭に飾られた固定種キュウリ「加賀太」

兵庫県宍粟市の在来種である「宍粟三尺キュウリ」の採種用果実
（写真・田中康夫）

ブルームレス・キュウリは、ブルームをつくれない代わりに、実の皮をかたくして子孫を守ろうとします。そのために、本来は花が咲いてから一週間で収穫できるものでも、それをブルームレスにすると一〇日くらいかかり、二〜三日収穫が遅れるのです。ですからブルームレス・キュウリは、本来のキュウリよりも皮がかたくてまずく、農家にとっては収量も減ってしまうものなのです。

ところがこのブルームレス・キュウリ、市場に出たとたんに大人気になりました。皮がかたくて日持ちがするということとともに、ちょうどその頃は食の安全性への関心が高まっていた時期で、ブルームのついているキュウリを「農薬がついている」と勘違いして嫌う人が多く、ブルームのないキュウリが歓迎されたのです。そうなると、市場はブルームレス・キュウリに高値をつけるようになり、農家は販売用にはブルームレス・キュウリ

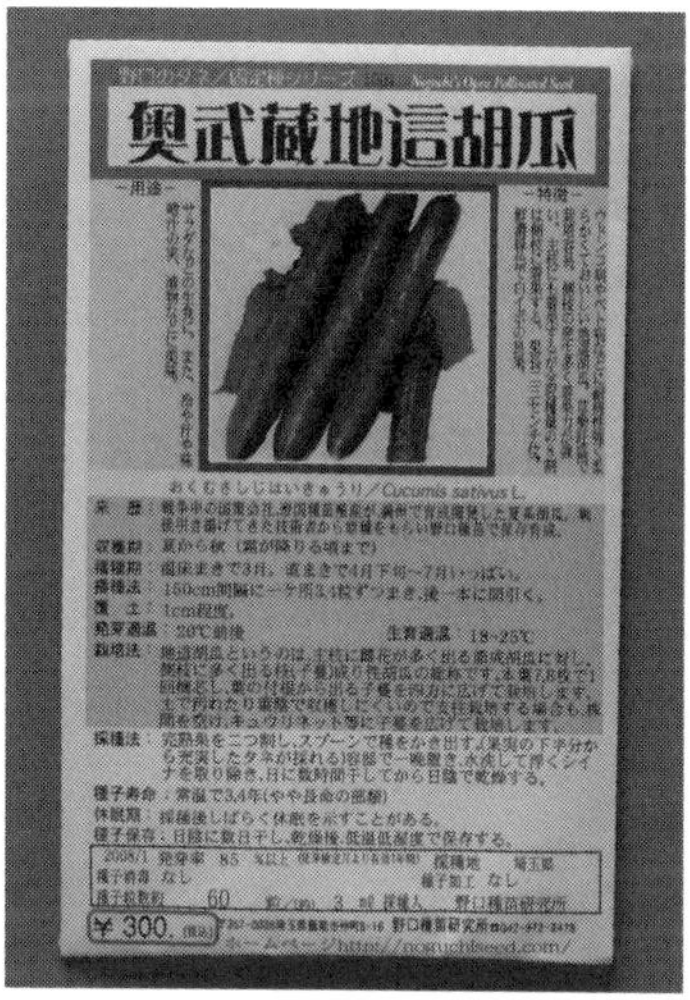

奥武蔵地這の種袋

「奥武蔵地這」の種

しかつくらなくなりました。こうして、市場のキュウリの九割が、かたくてまずいブルームレス・キュウリになってしまったのです。

では、ブルームのあるキュウリならばおいしいのかといえば、そういうわけではありません。先にも書きましたが、「輝虎」（および類似品種）の台木に接いだキュウリは、どんなキュウリでもブルームレスになるのです。

したがって、もともとまずいF_1種のキュウリならば、ブルームがついていたとしても、皮がややややわらかくなるくらいで、かならずしもキュウリ本来の旨さになったとはいえません。ブルームレスになることで皮がかたくなり、まずかったキュウリが、輪をかけてまずくなったということなのです。

ブルームレス・キュウリの登場は、農家にとっても消費者にとっても不幸なことです。

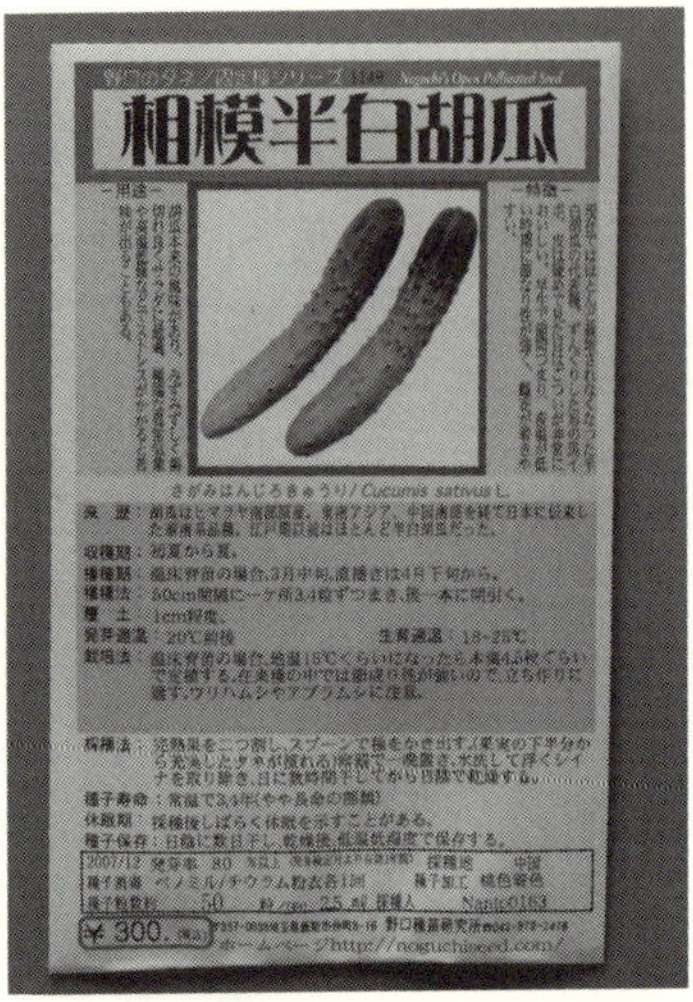

相模半白の種袋

神田四葉の種袋

各地に残っている固定種の復権をはかり、多くの方々に堪能してもらいたいところです。

おすすめの固定種キュウリ

奥武蔵地這（採種地＝埼玉県、主産地＝埼玉県）
地這いキュウリがお望みならば当店オリジナルの「奥武蔵地這」（成り立ちは第1部3章で紹介しています）がおすすめです。耐病・耐乾性に優れていて育てやすく、鮮明な濃緑をした実はやわらかく、味もなかなかです。

相模半白（採種地＝中国、主産地＝関西・全国）
立ちキュウリがお望みならば「相模半白」がおすすめです。華南系で黒イボがあり、皮もかためですが、味は断然、この「相模半白」がおいしいと思います。昔ながらの懐かしい味のキュウリです。皮がかたいといっても、ブルームレス・キュウリに比べれば全然やわらかいので、生食はもちろん、漬け物にも向きます。

神田四葉（採種地＝奈良県、主産地＝全国）
華北系で白イボがあり、表面に縮緬《ちりめん》状のしわが寄っているキュウリです。病気に強くつくりやすい、収量が多い、おいしい、と三拍子も四拍子もそろった定番キュウリです。

◆3章 多様なナスは気候・風土の所産

ナスの歴史と日本のナス文化

ナス（茄子）はインド原産とされていますが、ナス科の作物はインドだけではなく、たとえばジャガイモやトマトのように南米原産のものもあります。植物の歴史からいえば、まだ世界が一つの大陸であった大昔に、どこかでナス科植物の祖先が生まれ、その大陸が分裂して分かれたことによって、ナスはインドで、ジャガイモやトマトは南米で発達していったのでしょう。そして、インドを経由して各地に広がっていった人類が一緒にナスを持っていき、その土地の状況に応じていろいろな品種に分化していったのです。そのため今、世界各国にあるナスは、色は白や青や赤と多彩で、形も大きさも千差万別です。

日本にナスが入ってきたのは奈良時代で、古くから登場する野菜です。当時入ってきたナスは黒くてヘタも黒いものでしたが、やがて丸ナスと長ナスに二分され、その中でもさまざまに分化していきました。現在でも各地には、漬け物やお土産品になるような、その地の食文化と結びついたナスの固定種が残っています。

丸ナスは、京都の「賀茂ナス」がよく知られているように関西中心のものです。一方、長ナスは九州と東北に広まっています。九州には長さ四〇～五〇cmにもなる長ナスがあります。

東北の長ナスは、豊臣秀吉が朝鮮出兵を企て全国の大名が九州に集められた時、仙台藩の侍が九州の長ナスを見て「これはおもしろい」と種を持ち帰ったことから広がったようです。九州の長ナスは、下から十何枚目の葉がつかないと花が咲かない晩生《ばんせい》ですが、寒い東北では遅く花をつけたものは実をつけることができず子孫を残せません。そこでナスは、自ら早生《わせ》になって早い時期から実をつけるものを生み出し、それが人の手によって固定種とされていきました。

また、九州や関西は焼きナス文化で、地域の品種はそれに適した肉質を持っていますが、東北は漬け物文化なので、浅漬けでも漬かりやすい肉質が喜ばれます。そのために、「仙台長《なが》ナス」という、果肉のやわらかいナスが生まれました。

日本は敷島の別称のとおり、南北にのびる列島でできています。ナスも他の野菜同様、このような気候・風土の所産として多種多様にお目見えしたといってよいでしょう。

日本最初のF_1野菜はナス

大正一三（一九二四）年、埼玉県園芸試験場は世界に先駆けてF_1野菜をナスでつくりました。埼玉県の春日部《かすかべ》あたりでつくられ、その形と黒さが江戸っ子に喜ばれていた「真黒《しんくろ》茄子《なす》」という中長ナスと、明治時代に入ってきたと思われる青ナスの「埼玉青《あお》大丸ナス」（通称「巾着《きんちゃく》ナス」）を掛け合わせたものです。

二つの品種を掛け合わせてF_1種をつくるときに、まずは「父親をどちらにして、母親をどちらにするか」が基礎としてあります。

たとえばスイカの場合、縞《しま》がなくても味の良いスイカを母親にして、丈夫でつくりやすく縞はあるけれど味はそこそこというスイカを父親にします。こうすると、縞が出ることと糖度が高いことが顕性形質ですから、できた子供は一代目に限って、すべて縞があって甘いスイカになるのです。

この組み合わせであれば、縞のあるものばかりができれば交配に成功したことが一目でわかります。しかし、これを逆にすると、交配に成功したかどうかが見た目ではわからなくなります。ですから、形態ですぐわかるものを父親にするのが、掛け合わせの常套《じょうとう》手段となります。

日本最初のF_1野菜であるナスも、青ナスの「埼玉青大丸ナス」を母親に、「真黒茄子」

を父親にしたと思われます。この組み合わせだと、F_1には黒いナスだけができます。また「埼玉青大丸ナス」は明治時代に外国から入ってきたものですから、「真黒茄子」とはかなり系統が離れています。

系統が離れれば離れるほど雑種強勢が強く働くので、このF_1はものすごく強健で実がた

無農薬・無肥料栽培でも育てやすく、味の良い「早生真黒茄子」

皮が薄く肉質のやわらかい「十全茄子」

くさんなるものになりました。「とにかく丈夫でたくさんなるナスの種だ」ということで、近所の農家に好評で迎えられました。この素晴らしい成果があったことで、各地でスイカやトマトのF_1種がつくられるようになりました。

現在、市場に出回っているナスは、圧倒的に「千両二号」というF_1種です。これはたし

埼玉県オリジナルのナス「埼玉青」(写真・埼玉県農林総合研究センター園芸研究所)

「埼玉青」の果肉はひきしまっている(写真・埼玉県農林総合研究センター園芸研究所)

かにつくりやすくて多収なのですが、皮がかたくて、あまりおいしくありません。しかし、日本人にとってナスは生で食べるものではありませんし、油と愛称が良くて味がしみこむものですから、ナスそのものの味が見直される気配はないようです。

おすすめの固定種ナス

早生真黒茄子（採種地＝タイ、主産地＝埼玉県・全国）
家庭菜園で楽しむのならば、「早生真黒茄子」がおすすめで、当店では最も売れています。一般のナスより皮の黒色が濃いことから「真黒」と名付けられています。味は「普通」としか言いようがありませんが、育てやすく、使い勝手の良いナスです。これを無農薬・無肥料栽培したものは、ぶっつけられたら痛いくらいに実が詰まっていて、絶妙な味わいになります。

民田茄子（採種地＝タイ、主産地＝山形県・東北）
「民田《みんでん》茄子」は山形県鶴岡市民田周辺で江戸時代初期からつくられていた丸形の小ナスです。果肉はしまり、種が少なく皮はやわらかで、二〇g以下の小さいうちに収穫。辛子漬けに使われています。

十全一口水茄子（採種地＝福井県、主産地＝新潟県・北陸）

有名な大阪の「泉州水《みず》ナス」が、新潟県で定着したものです。皮の黒い「黒十全《くろじゅうぜん》」（「新潟黒十全」）と、皮の青白い「白十全」がありますが、どちらも皮が薄くて肉質も良く、ピンポン球くらいの幼果を採って漬け物用に使います。採種元は「若採りすると白十全で、熟すと黒十全」と言っていますが、小さくても黒いナスは黒、青ナスは青のはずですから、ちょっと信じられません。

越前水茄子（採種地＝福井県、主産地＝福井県・北陸）

「十全一口水茄子」と同様に、大阪の「泉州水ナス」が福井県で定着したものです。水気が多く、従来のナスと比べて一割方重くなります。皮も果肉も抜群にやわらかく、漬け物はもちろん、どんな料理にも適したおいしいナスです。早生で生育も旺盛で栽培しやすく、味を重視した家庭菜園には最適です。

しかし、平成二〇（二〇〇八）年度は入荷しませんでした。「平成二一（二〇〇九）年度も採種するかどうかわからない」と言われていますが、「泉州水ナス」が外部に出てこない現状では、なんとか採種を続けてほしい品種です。

加茂大芹川丸茄子（採種地＝長野県、主産地＝京都府）

江戸時代の文献に「風味円大なるものに及ばず」と賞賛された、いわゆる「賀茂ナス」

です。大型で晩生のため収量は多くありませんが、しっかりと肉がしまり、皮がやわらかく、味に深みがあります。しぎ焼きや田楽が有名ですが、煮物や炒め物にも適してお

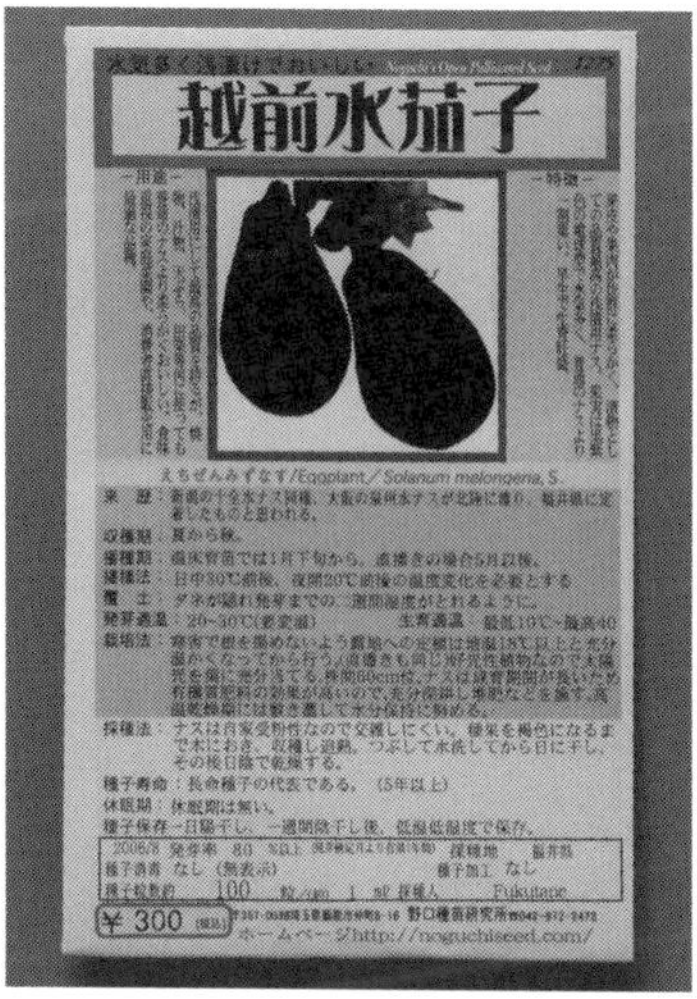

越前水茄子の種袋

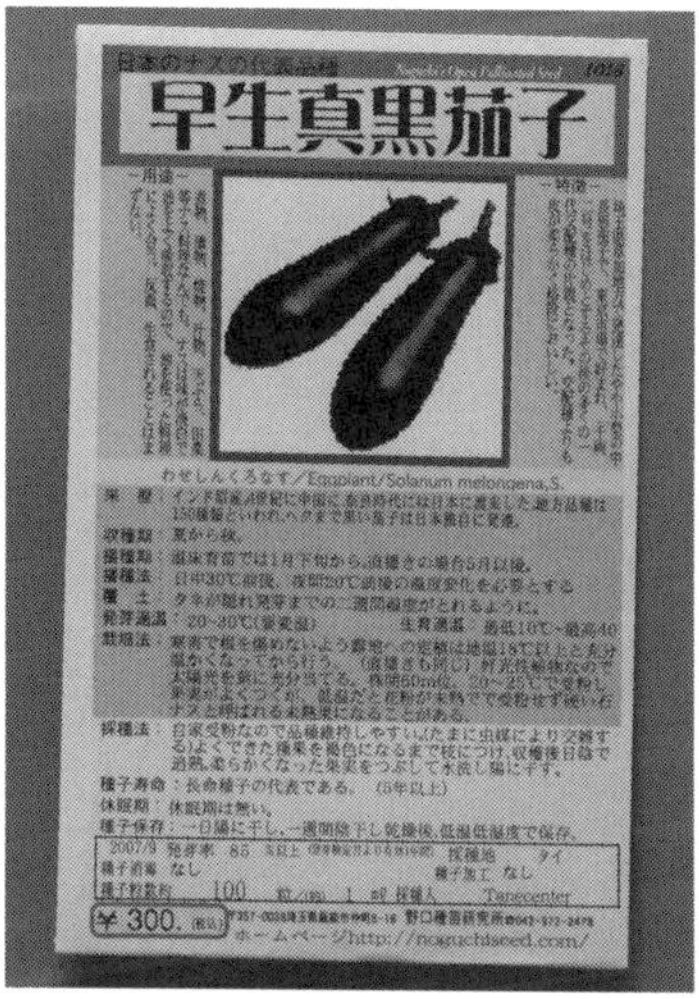

早生真黒茄子の種袋

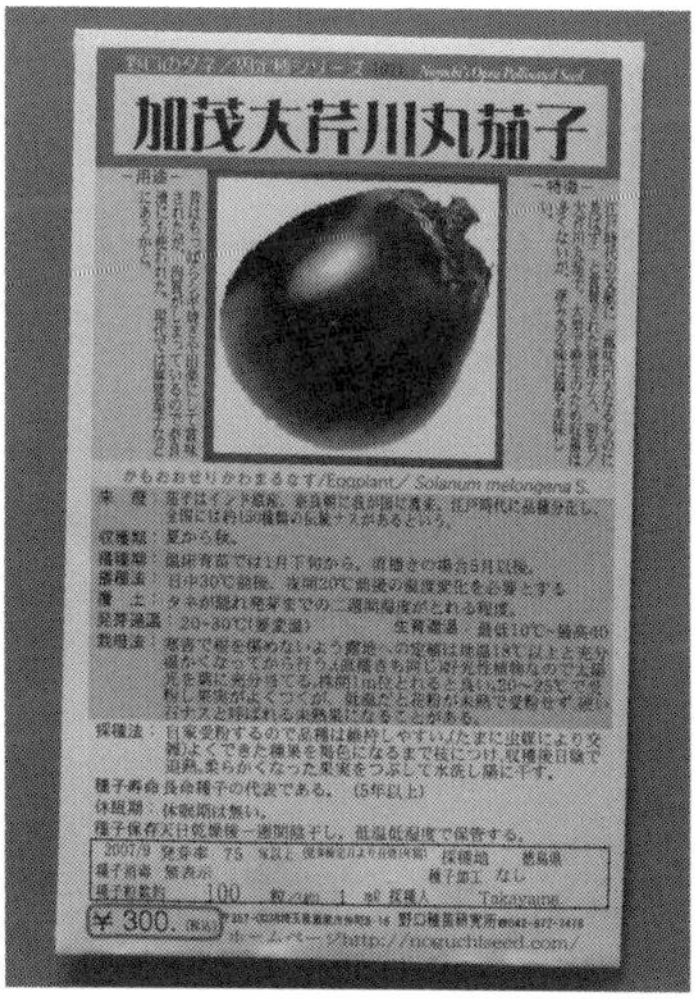

加茂大芹川丸茄子の種袋

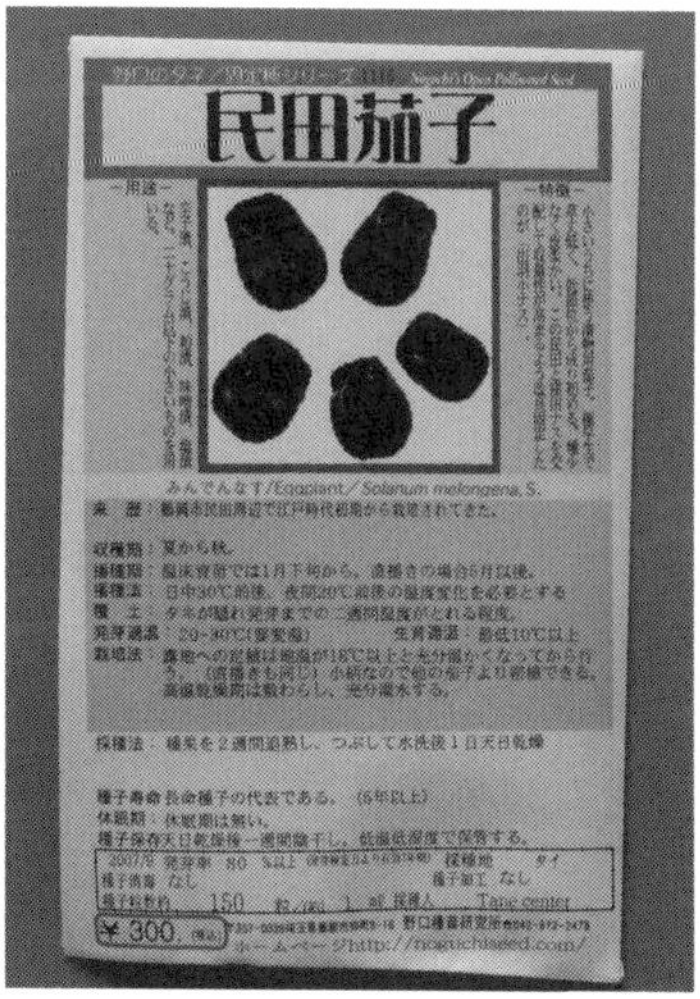

民田茄子の種袋

り、奈良漬けなどにされることもあります。

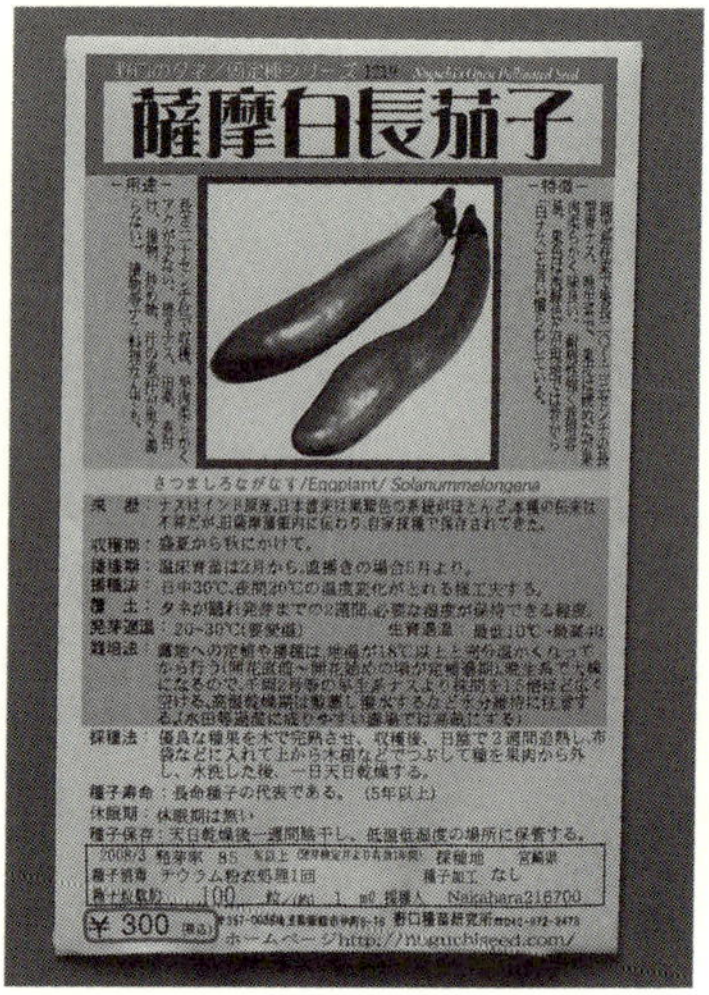

薩摩白長茄子の種袋

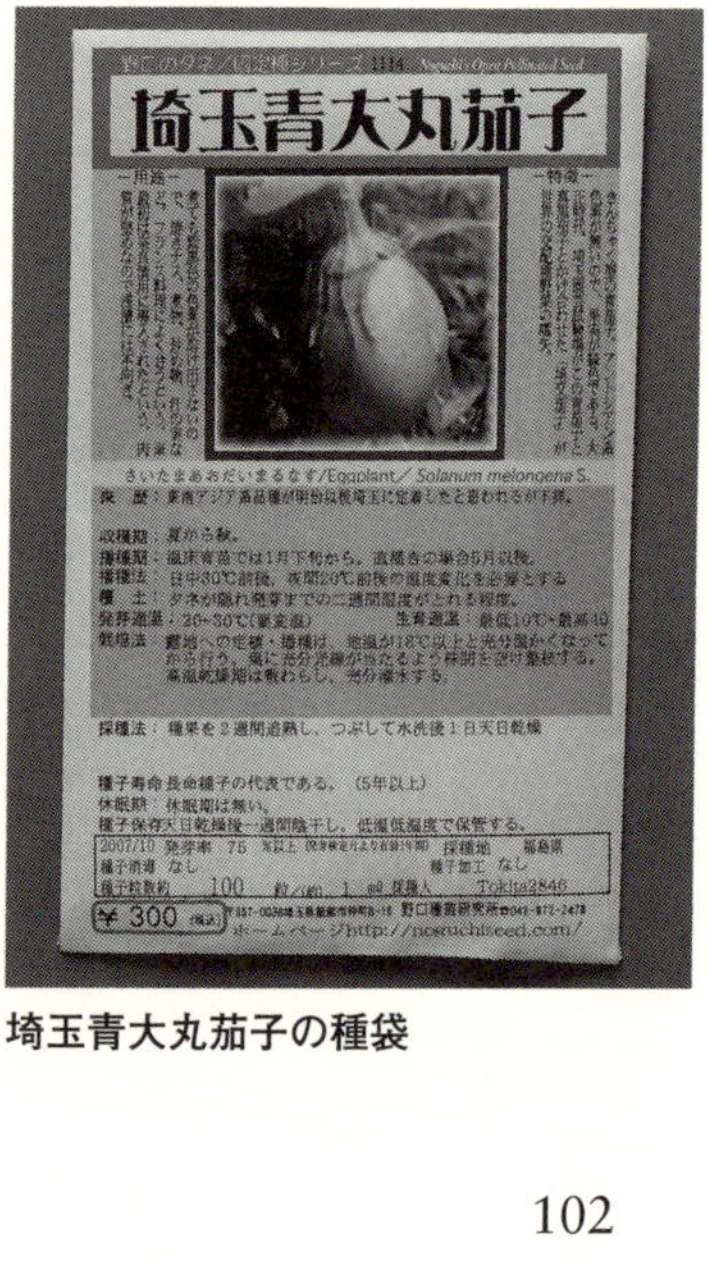

埼玉青大丸茄子の種袋

薩摩白長茄子（採種地＝宮崎県、主産地＝九州）

鹿児島県の在来品種で、果長が二〇～三〇cmにもなる長型のナスです。白ナスとは言うものの、実際は淡緑色をしています。皮はかためですが、果肉はやわらかく美味です。アクが少なく、どんな料理にも合います。

埼玉青大丸茄子（採種地＝福島県、主産地＝埼玉県）

アントシアン系の色素がなく、緑色をしたナスです。トゲだらけでかたく、漬け物には向かず、焼き物、煮物用といえます。ところが、これはフランスのナスとよく似ていてフランス料理にはピッタリなのだそうで、レストランなどから特に頼まれてこのナスをつくっている農家さんもいます。

F1種からつくった固定種「アロイトマト」

ちょっと特殊な例ですが、自家採種をすることによって、F1種から自分オリジナルの固定種をつくることは可能です。その好例が、岐阜県のコックさんが自分の味覚だけを頼りにつくり出した「アロイトマト」です。

このトマトは、よく知られている「桃太郎」というトマトを基につくられています。「桃太郎」はもちろんF1種で、それも四種類の系統を組み合わせた複雑な交配をしてできたものですから、普通に自家採種をしたら、四種類の系統と、その間の多種多様な雑種が生まれて、収拾がつかなくなるはずです。ですから、この話を最初に聞いた時は「そんなバカな！」と思いました。しかし、このトマトをつくった岐阜県の奥田さんは、当時ホテルの支配人兼シェフをされており、五年目で固定に成功し、その後も選抜を重ね、「桃太郎」よりおいしいトマトをつくり続けています。

実物にお目にかかったのは、平成一二（二〇〇〇）年の夏です。私の店に奥田さんから「最近のおいしいF1完熟トマトの種が欲しい」との注文がきたので、当時まだ目新しい「F1ちあき」の種をお送りしたところ、やがて「たしかにおいしかったけれど、うちのトマトのほうが味が良い」という感想が届きました。信じられなかったのですが、送られてきた「ちあき」とそのトマトを食べ比べて、思わずうなってしまいまいました。「桃太郎」よりおいしいはずの「ちあき」より、ずっと糖度が高く、おいしかったのです。聞くところによると、岐阜県知事がこのトマトをお中元の贈答用に使っているのだそうですが、それも納得の味でした。

値段を聞いたところ、「二〇個一箱で五〇〇〇円」との返事に二度ビックリ。買ってでも食べたいと言っていた女房も「それじゃ買えない」と諦めましたが、その代わり私に芽生えたのは「このトマトの種を売りたい」という種屋の性《さが》です。

当時、うちの店ではインターネットで固定種の販売を始めたばかりで、秋まきの目玉商品は「のらぼう」や「みやま小かぶ」といったオリジナル商品がありましたが、春まきの果菜類にはオリジナル商品がありませんでした。完熟トマトの固定種なら目玉になると思い、「販売用に種を分けてもらえないか」というぶしつけなお願いをしたところ、快く聞き届けていただきました。現在でも感謝の一語です。

販売するからには名前が必要ということになって、「タイの農場の指導から帰ってきたところだから、トマトはタイ語でおいしいという意味の〝アロイ〟、ミニトマトのほうは甘いという意味の〝ワーン〟にしよう」ということに決まり、インターネットの固定種販売品リストに「アロイトマト」「ワーンミニトマト」を載せたのが、平成一三（二〇〇一）年の春からです。

違う気候・風土に適応する野菜の生命力

　この種の最初のお客さんは、長崎県は雲仙の岩崎政利さんでした。岩崎さんの話では「ちょっと肥料が効きすぎると暴れやすく、やっぱり「桃太郎」の系統だな、と思った。でも三年目ぐらいからこの土地の栽培になじんできて、うちオリジナルのトマトになってくれた」とのことです。

「アロイトマト」の故郷は飛騨の高山ですから、トマトが雲仙の気候や栽培方法に慣れるのに三代という世代交替が必要だったのでしょう。

　しかし、わずか三年で違う気候・風土に適応し、花を咲かせ、実をつけ、次世代の種を

「アロイトマト」のハウス栽培

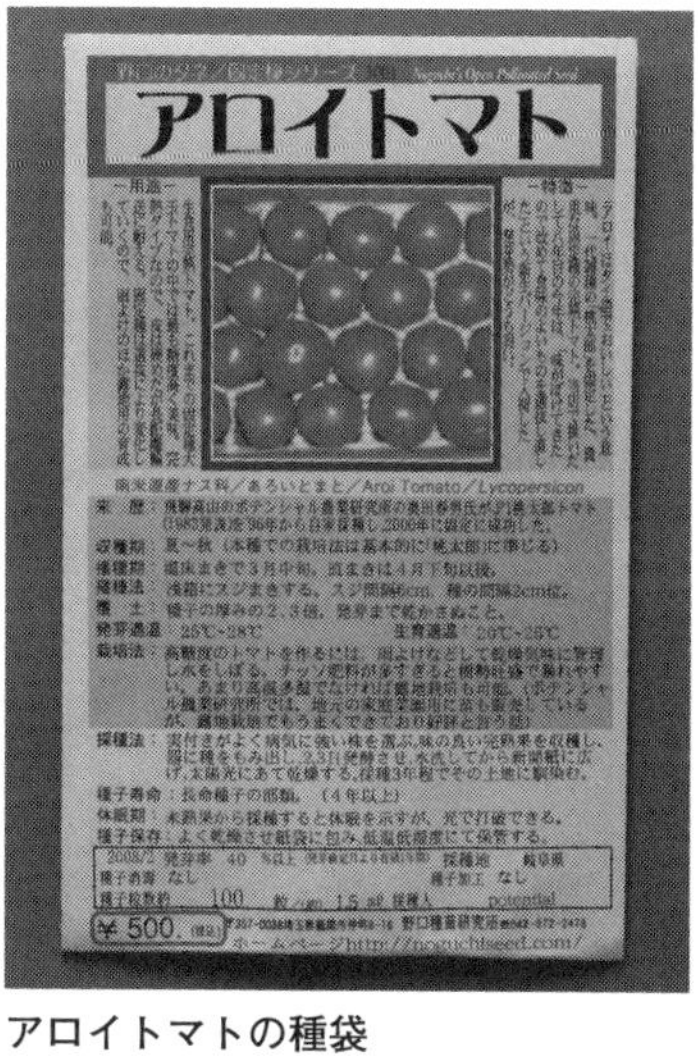

アロイトマトの種袋

結ぶ野菜の生命力は本当にすごいと感心します。そして、一代限りのF_1「桃太郎」から固定種に生まれ変わったことをいちばん喜んでいるのは、子孫を残し続けられる、当のトマトたちに違いありません。

この「アロイトマト」の種は、東京近郊で無肥料栽培を行っている埼玉県富士見市の関野幸生さん（関野農園）からも譲っていただいています。

肥料をやって普通に育てるのと、無肥料で育てるのを比べてみると、これがおもしろいのです。肥料を与えると、わき芽（腋芽《えきが》）がどんどん出てきて、次々に実がなりますが、ハモグリバエなどの被害も目立つようになります。ところが無肥料だとわき芽はまったく出ず、実がついたら、その下の葉はどんどん枯れ落ちていきますが、病気になるものは少ないのです。実をつける数は少なくなりますが、その実はズッシリと重く、味も濃くなります。「植物は自分の子孫を残すために生きているんだ」ということが、まざまざとわかります。無肥料栽培は、究極の自家採種だと思います。

おすすめの固定種トマト

ポンデローザトマト（採種地＝長野県、主産地＝全国）

アロイトマトが現在、主流となっている完熟系トマトの固定種代表だとしたら、昔のトマト代表といえ、味が濃くうまさ抜群です。

◆4章 F1種に席巻されたタマネギ・ネギ・ニンジン

雄性不稔利用のF1種づくりはタマネギから

タマネギ（玉葱）は中央アジア原産で、古代エジプトの壁画にも描かれている、歴史の古い野菜です。とはいえ、古代中国で普及しなかったために日本への渡来は遅く、本格的に栽培が始まったのは明治に入ってからです。日本最初のタマネギ産地は、神戸のホテルで使われていた輸入タマネギから種を採って育てはじめたのが広がったといわれる大阪近郊や瀬戸内海の小豆島とか淡路島、そして開拓使がアメリカから種を取り寄せて栽培を始めた北海道です。これらの成功を受けてやがて全国的に普及し、日本の重要野菜となっていきました。各地に栽培が広がったことで、さまざまな固定種が生まれていきましたが、現

アメリカでの日本人経営のタマネギ採種場（「月刊農業世界」明治44年8月増刊、博文館）

在では、これらの品種は完全にF_1種に駆逐されてしまっている状態です。

第1部でも紹介しましたが、アメリカで発見された雄性不稔を利用したF_1種づくりは、このタマネギで雄性不稔株が見つかったことから始まりました。

私の手元に、明治四四（一九一一）年発行の「月刊農業世界増刊・蔬菜改良案内（第六巻第十一号）」という雑誌があり、当時のアメリカで日本人が経営するタマネギの採種場の写真が載っています。アメリカでは、こんな広大な農場で採種しているのです。このスケールには、ただただ圧倒されてしまいます。

そして、こんなスケールのタマネ

ギ畑の中からたった一株、種をつけることができない個体が発見されたわけです。雄性不稔株が見つかったのがたしか一九二五年で、雄性不稔利用によるF_1種採種法が発表されたのが一九三六年のことです。

雄性不稔は、細胞内のミトコンドリアという器官にある遺伝子が、傷つき、変異することが原因のようです。酸素をエネルギーに変える役割を持っているミトコンドリアは、他の体細胞とは異なる遺伝子を持っており、生物の進化の過程で、酸素を好む好気性バクテリアの細胞を真核細胞の中に共生させることで獲得した器官であるとされています。そしてミトコンドリアは、必ず母親の形質を引き継ぎます。つまり、雄性不稔の株を母親にして掛け合わすと、その子供は必ず雄性不稔のものになるわけです。

雄性不稔株利用以前のF_1種が、父親と母親の好ましい形質を利用し、雑種強勢でその相乗効果を期待してつくられたものであったのに対し、雄性不稔利用の場合は、母親に必要とされる要素は、雄性不稔という要素だけです。つまり、除雄の手間を省いて、大量に間違いなくF_1種を生産するために、まずは雄性不稔の親ありきのF_1種づくりをしているのです。どこか、本末転倒な感じがしませんか？

アメリカでは雄性不稔を利用したトウモロコシのF_1種を大量に生産することで、今の強大な国力を築いていきました。日本でも、ユリ科のタマネギやセリ科のニンジンで日本初の雄性不稔を利用したF_1種が生まれたのは、すでに四〇年以上も前のことです。そして、その流れは止まることなく、それまで除雄や自家不和合性といった技術でつくられていたダイコン、キャベツなどのアブラナ科や、ピーマンなどのナス科、シュンギク、レタスなどのキク科野菜にまで、雄性不稔利用が実用化されるようになっています。いまや雄性不稔利用は世界の大手種苗メーカーにとって、市場を支配するほど大量に売れる野菜の種を生産する方法として、欠かせない技術となっているのです。本来ならば自然界で淘汰されて消えていくような不健康な株が、現在流通している多くの野菜の母親になっているのです。

その結果として、今では世界中の野菜がほとんど同じ味になってしまいました。各地域でつくられていた特徴ある品種はF_1種に駆逐され、地域特有の食文化も、野菜の旬という概念さえも失われつつあるのです。

一般市場でも固定種を見ることができる長ネギ

タマネギの親戚である長ネギ(長葱)も、流通しているもののほとんどは雄性不稔利用によるF_1種に取って代わられていますが、タマネギほどには市場が画一化されておらず、まだ各地に固定種が残されています。「下仁田葱《しもにたねぎ》」や「九条《くじょう》葱」といった名前は、誰でも聞いたことがあるのではないでしょうか。

ネギには根深ネギと葉ネギの系統があります。根深ネギは主に軟白した根の部分を食べるため、白ネギともいいます。一方、西日本に多い葉ネギは緑色の葉が細長く、分けつする性質をそのまま残しているのが分けつネギで、青ネギともいいます。

一般の農家や市場にとって、根深ネギはなるべくまっすぐでピンとしていてほしいものです。そのために、F_1種のネギはまっすぐに育つようにつくられていますが、そうするとどうしてもかたくなってしまいます。

一方で固定種のネギには、曲がった形がステイタスになっているものがあります。「仙台曲がりネギ」として知られる宮城県の「余目《あまるめ》一本《いっぽん》太葱《ふとねぎ》」はこの曲がりネギの代表です。

在来種の「弘法ネギ」（兵庫県姫路市、写真・蜂谷秀人）

主に軟白した根の部分を食べる根深ネギ

この系統のネギはやわらかくておいしいのですが、やわらかいのですぐに曲がってしまいます。それを特性として活かしているのです。宮城は冬場に地面が凍るために耕土を深くすることができず、苗は横向きに植えられます。すると生長するにつれて立ち上がってくるので、出荷するときには曲がった形になり、その形こそがおいしいネギのあかしとなっているのです。このネギは、世界の伝統的な食文化を守るために国際スローフード協会が選定している「味の方舟《はこぶね》」計画（食材の世界遺産）で、日本での第一回認定品種となっています。

普通のネギは四月頃になると花が咲きます。いわゆるねぎ坊主ですが、このねぎ坊主が出てくるとかたくなり、出荷はできなくなります。ところが、ねぎ坊主が出るのが一カ月遅い系統が見つかり、固定種とされたのが「汐止晩葱《おくねぎ》」です。これは分けつネギなのですが、細かく分けつせずに七〜八本程度でそれぞれが太めなことが特徴です。ねぎ坊主が出るのが一カ月遅いために、一本ネギがかたくなって出荷できなくなると、このネギの根元の曲がっている部分を切り落として、一本ネギのようにして出荷することができるので特に生産者に喜ばれています。

おすすめの固定種タマネギ

今井早生玉葱（採種地＝イタリア、主産地＝大阪）

最も大きく平たい形のタマネギです。一枚一枚の鱗片が太り、肉質がやわらかくて辛みも少ないため、生食や煮物に向きます。その反面、腐りやすく、萌芽が早いので、保存には向きません。

泉州中甲高黄大玉葱（採種地＝フランス、主産地＝大阪）

「今井早生」と同様に、肉質がやわらかくて辛みも少ないため、生食や煮物に向きます。

奥州玉葱（採種地＝イタリア、主産地＝東北）

収穫後の年内は芽が出ない、長期貯蔵に最適な丸型タマネギの元祖です。一般に流通しているF1種のタマネギと同様、炒め物、煮物、カレーなどに向き、肉料理によく合います。

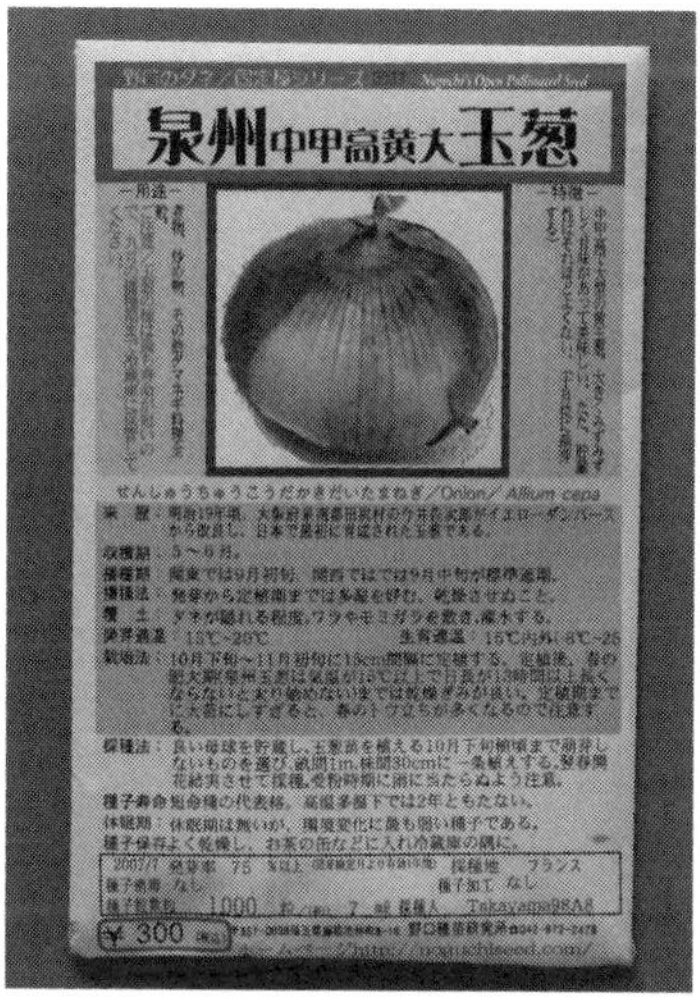

泉州中甲高黄大玉葱の種袋

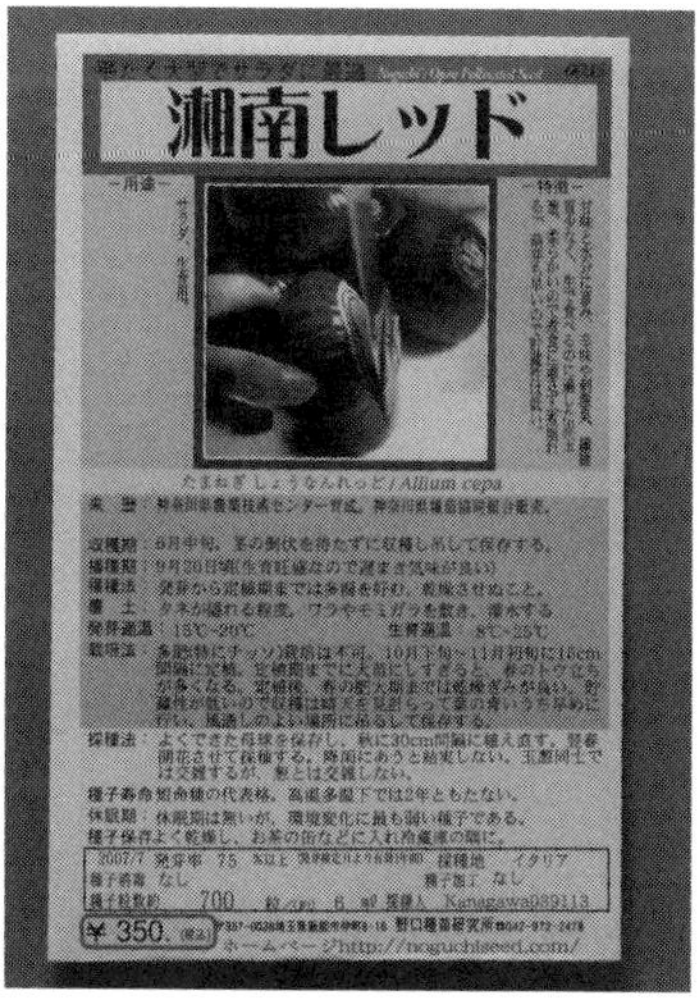

湘南レッドの種袋

湘南レッド（採種地＝イタリア、主産地＝神奈川）
「湘南《しょうなん》レッド」は赤紫色をしたタマネギです。普通のタマネギに比べて辛みが少なくて甘く、水分も多いため、主にサラダの食材に使われます。貯蔵性はありません。

おすすめの固定種長ネギ

余目一本太葱（採種地＝南アフリカ、主産地＝宮城）
冬期は休眠するため寒地で越冬しやすい夏ネギ系の一本ネギです。とにかくやわらかくておいしく、鍋物、焼きネギ、ぬたなどネギ料理全般に向いています。

石倉根深一本葱（採種地＝トルコ、主産地＝関東）
「石倉《いしくら》根深一本葱」は秋・冬穫り用の一本ネギで、「余目一本太葱」同様に、やわらかくおいしいネギです。低温や病気に強く栽培しやすいのが特徴ですが、冬季休眠をしないので、越冬させることができません。

下仁田葱（採種地＝山梨県、主産地＝群馬）
江戸時代から群馬県下仁田地方に伝わる品種で、「殿様葱」との異名を持つ、太くて短い一本ネギです。ネギの中で最もおいしいとされています。

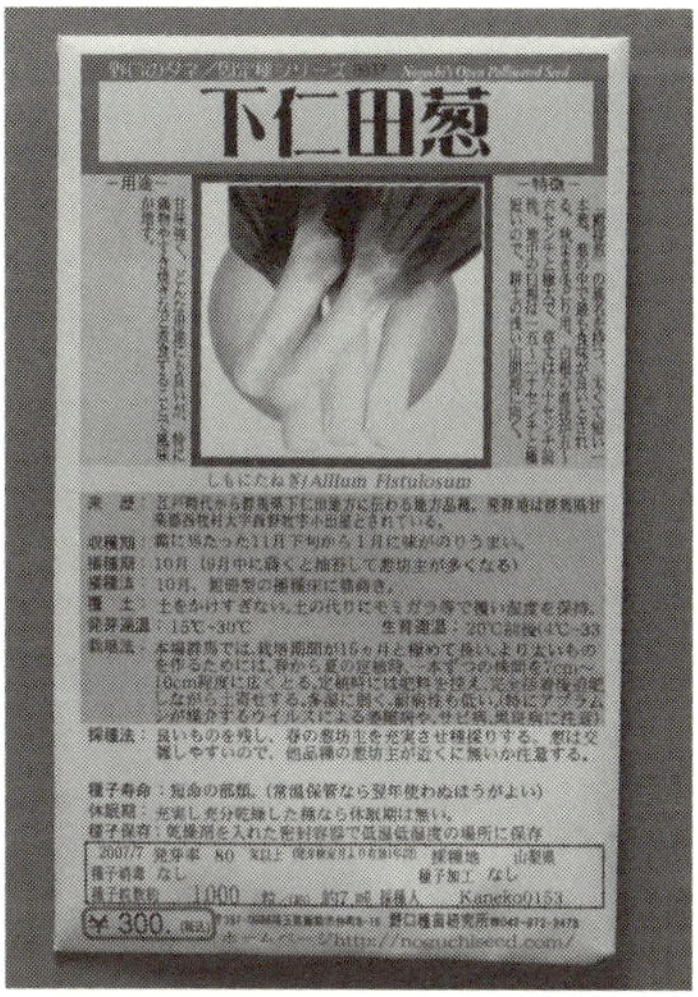

下仁田葱の種袋

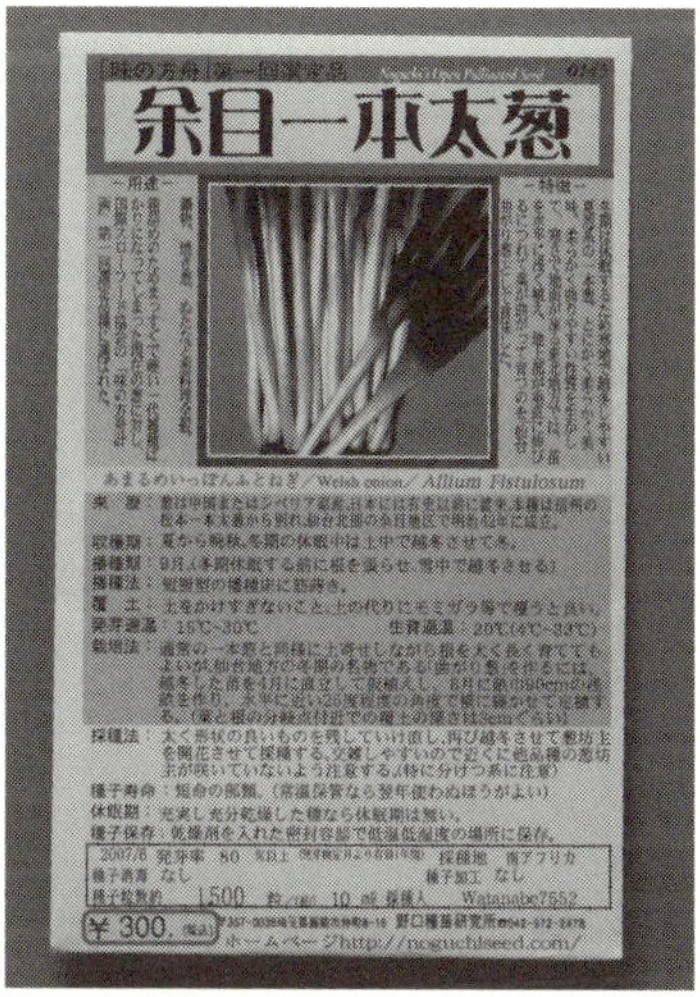

余目一本太葱の種袋

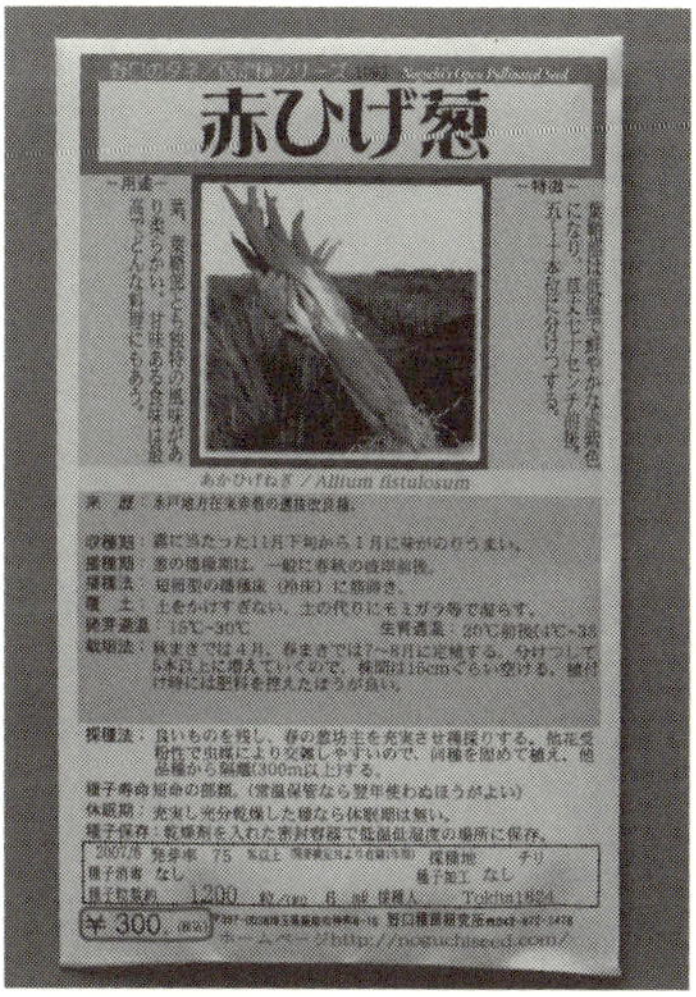

赤ひげ葱の種袋

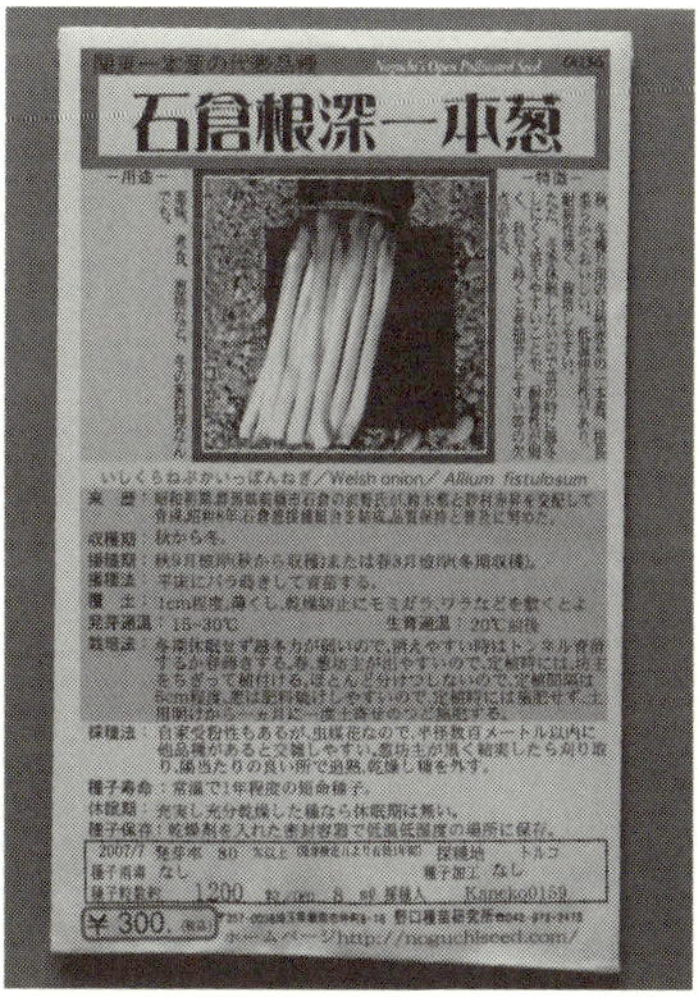

石倉根深一本葱の種袋

汐止晩葱（採種地＝チリ、主産地＝埼玉・関東）

俗に地葱と総称されるやわらかい分けつネギですが、土寄せで太く長く育ちます。やわらかく、ねぎ坊主が出るのが遅いため、普通のネギがかたくなる四月以後もおいしく食べられます。

赤ひげ葱（採種地＝チリ、主産地＝茨城）

茨城県の伝統野菜で、軟白部が赤紫色になる分けつネギです。やわらかくて甘みも強く、どんな料理にも合います。

ニンジンもほとんどが雄性不稔利用によるF1種

セリ科のニンジン（人参）も、雄性不稔を利用したF1種に席巻されてしまった野菜の一つです。ニンジンの原産地は、アフガニスタン北部の山岳地帯だといわれており、ペルシャ人によって東西に運ばれていきました。

西に伝わった野生種はトルコで交雑《こうざつ》が進んで現在の西洋系ニンジンの祖先となり、一五世紀には紫色の長ニンジンがヨーロッパ一帯に薬用として広まったそうです。現在、一般的な橙黄色の短根ニンジンは、一七〜一八世紀にはオランダで、一九世紀以後はフランスやアメリカで品種改良されたものが、その後、世界各国に広がったものです。一方、アフガニスタンから東に伝わったニンジンは、一三世紀頃に中国で栽培されるようになり、東洋系人参の祖先となっています。

日本には一六～一七世紀頃、中国から東洋系の長根ニンジンが入ってきたのが最初です。薬用のオタネニンジン（俗にいう朝鮮人参。こちらはウコギ科でニンジンとは科が異なります）に根の形が似ているため、最初はセリニンジンなどと呼ばれていました。「菜中第一の美味なり」（『菜譜』）などと喜ばれ、一気に全国に広がっていきました。

西洋系のニンジンが日本に入ってきたのは明治以後ですが、現在市場に出回っているニンジンは、ほとんどが西洋系です。東洋系のニンジンは、中国で夏まき栽培用として特化育成されたため、春早くに種をまくとトウが立ってしまいますが、西洋系のニンジンは春まきしてもトウが立ちにくいので周年供給しやすいからです。

長崎に入った根の非常に短い「玉人参」が改良されて生まれた「三寸人参」は、ニンジンの周年栽培の普及に貢献しました。また、一九世紀末にフランスで誕生した「チャンテネー」を改良して生まれた「長崎五寸」などの短根ニンジンは、現在普及しているF1種の基になっています。

とはいえ、昭和三〇（一九五五）年頃まではまだ、国内で消費されるニンジンは長根系が優勢で、「滝野川大長人参」など東洋系ばかりでなく、西洋系品種もフランスの長人参から育成された「国分《こくぶ》人参」や「札幌大長人参」などが広く栽培されていました。しかし現在では、近年の野菜のパック詰め販売の普及と、収穫が楽で洗浄もしやすいという労働生産性の問題から、「向陽二号」など雄性不稔利用による西洋系短根の五寸人参系のF_1種以外、店頭で見ることができなくなってしまっています。

おすすめの固定種ニンジン

真紅金時人参（採種地＝香川、主産地＝関西）

「真紅金時人参《しんべにきんとき》」は東洋系長根ニンジンの代表的品種です。西日本で広く栽培されており、京都では「京ニンジン」、大阪では「大阪ニンジン」と呼ばれています。真っ赤な色が特徴で肉質がやわらかく独特の甘みを持っており、関西の日本料理、とくに正月料理には欠かせない素材です。

島人参（採種地＝沖縄、主産地＝沖縄）

黄色い東洋系長根ニンジンで、現地では「チデークニー」と言われています。いわゆるニンジン臭さがなく、ニンジン嫌いの子供でも食べられるそうです。沖縄では正月料理に欠かせない素材です。

子安三寸人参（採種地＝イタリア、主産地＝全国）

一八八三年にフランスの会社が売り出したゼランデ種を基に日本で改良された寒地型の

三寸ニンジンです。周年栽培が可能で、昔懐かしい尻のとがった逆三角形をしています。

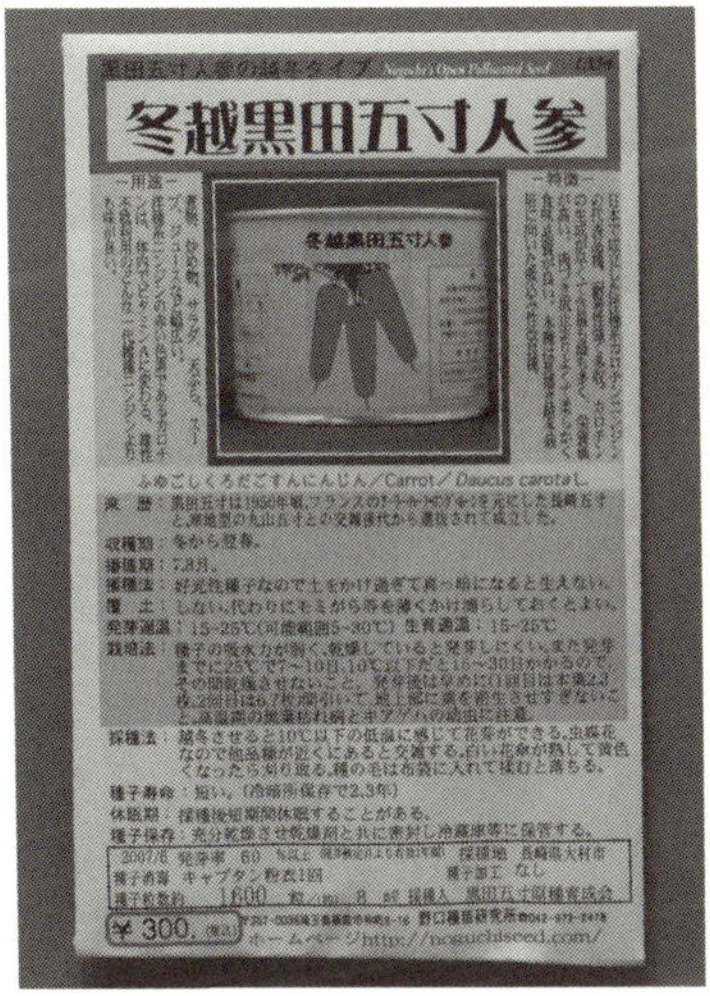

冬越黒田五寸人参の種袋

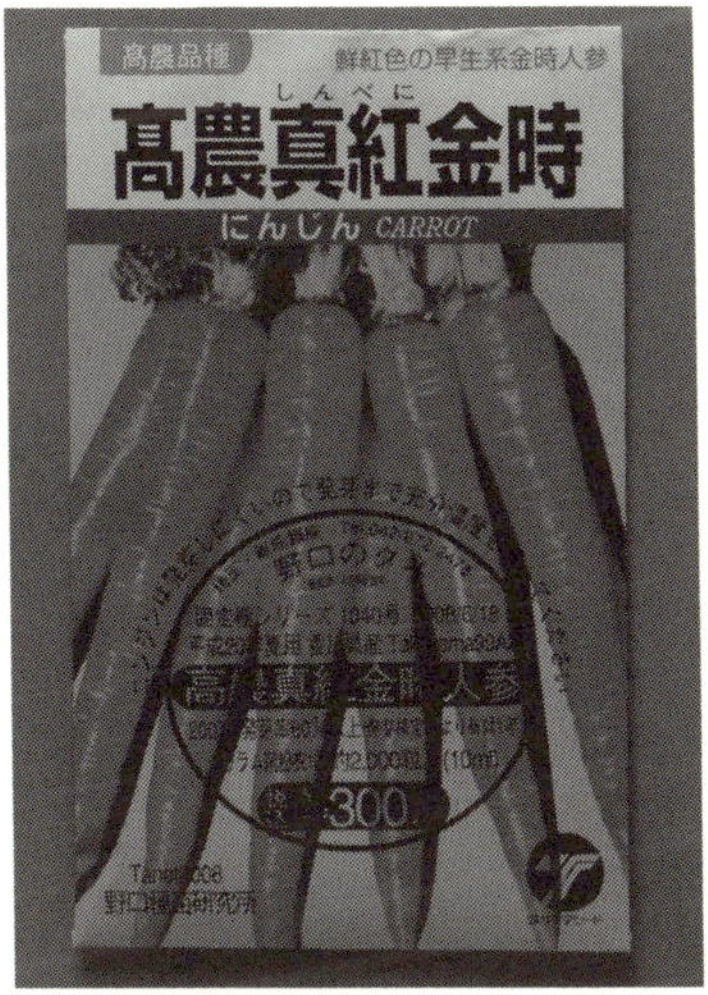

真紅金時人参の種袋

ラブリーキャロットの種袋

島人参の種袋

黒田五寸人参・冬越黒田五寸人参（採種地＝長崎、主産地＝全国）

日本を代表するニンジンで、現在出回っているF1種の基にもなっています。ほかの品種よりもβカロテンが多く含まれているとされ、そのままジュースにしてもおいしく飲めるほどに甘味が強いのも特徴です。春まきには「黒田五寸」、夏まきには「冬越黒田五寸」が適しています。

万福寺鮮紅大長人参（採種地＝福島、主産地＝関東）

「滝野川大長人参」の直系で、年末・年始の煮物に欠かせない、昔ながらのおいしい長ニンジンです。強健多収で育てやすいのも特徴ですが、夏まきのみで春まきはできません。

国分鮮紅大長人参（採種地＝イタリア、主産地＝群馬）

「万福寺鮮紅大長人参《せんこうおおなが》」と似ていますが、こちらは西洋系なので春まきも可能です。

ラブリーキャロット（採種地＝アメリカ、主産地＝全国）

形状はフランス料理の世界でパリジャンと呼ばれるゴルフボール大のかわいい丸型ニンジン。播種《はしゅ》してから七〇～七五日ぐらいで収穫できます。

◆5章 在来種が生まれやすいアブラナ科野菜

日本で発達したダイコンとカブ

アブラナ科のカブ（蕪）は、日本で独自に発達した野菜です。もともとは中近東の生まれで中国から渡ってきた野菜ですが、奈良時代、当時の政府が「根っこに養分を蓄えるこれらの野菜は、いざという時に役に立つからつくりなさい」と救荒《きゅうこう》作物として奨励したため、各地でさまざまに発展していきました。逆に中国では、根はあまり顧みられずに葉っぱかりが喜ばれ、山東《さんとう》菜《な》などの菜っ葉類に発達していきました。

ついでに、ヨーロッパでカブはどうなっているかというと、これがとんでもない話です。かつてのキリスト教国家における法王とか貴族といった位の高い人たちにとって、高級な食べ物というのは天にまします神にいちばん近い鳥なのだそうです。その次は木の上になっている果物、その次は野山を走り回っている獣、それから土の上に出ている葉っぱ。土の中になるものは低級な食べ物とされて、それを食べるのは家畜か農奴だったのです。ですからヨーロッパではダイコンやカブは、あっても飼料用で、ほとんど進歩しませんでした。宗教改革と前後して南米からジャガイモが渡ってきたこともあり、北ヨーロッパの人たちが生きていくのに必要だということで、土の中のものも食べるようになったそうです。

交雑しやすく在来種が多い

第1部でも書きましたが、アブラナ科の植物は、自分の花の花粉では種がつかないけれど、別の株の花粉だと受粉できる「自家不和合性」という性質を持っているものが多いのです。他から来た花粉で喜んで種をつけるため、非常に交雑しやすいので、はからずも各地方に在来種がどんどん生まれていきました。

交雑が簡単といえば、以前うちの採種農家の畑でも変なカブが生まれました。その家では採種用のカブの近くに自家用のミズナをつくっていたのですが、そのミズナを抜き忘れてしまったためにカブとミズナが掛け合わされて、葉がミズナ、根がカブというものが生まれたのです。これはあくまで顕性形質だけが現れた雑種ですから、根はカブのほうが、葉はカブの葉よりミズナの葉のほうが顕性だったようです。

　ところがこれが、どうも京野菜の「松ヶ崎浮菜かぶ」に似ているのです。伝説によると「松ヶ崎浮菜かぶ」は奈良時代に僧侶がどこかから持ってきたカブだそうで、一説には滋賀の「近江かぶら」が京都に導入されて栽培されている間に、ミズナと掛け合わさってできたともいわれています。これは顕性形質のかたまりで、どこかに潜性形質が隠れていますから固定するのは大変です。在来種が固定種になるまでには相当長い時間がかかったのではないかと思います。ちなみに「松ヶ崎浮菜かぶ」は、『京野菜と料理』（淡交社）によると「煮食又は漬け物に利用する。特に漬け物はぬか漬けにすると日持ちがよく、商家の使用人の副食等に用いられていた」と記されています。要するにこのカブは、決して旦那さんの食べるものではなかったわけです。根がかたく、葉はミズナのように密集して生えているので、まったく漬け減りをしないカブです。

　貴重な京野菜ですからずっと販売したいと思っていたのですが、京都の採種元から「売れなかったので、もう採種しない」と言われ、困りましたが、二〇〇八年は入荷しました。

F_1種が産地と市場を席巻していく図式

　交雑しやすいということは、雑種強勢も期待しやすいということになります。系統的に離れていればいるほど雑種強勢が強く働き、形は大柄になって生育スピードも早くなり、早く収穫できるものですから、F_1種をつくるにはうってつけです。最初にアブラナ科のF_1

種をタキイ種苗がつくったのは昭和二五（一九五〇）年ですが、一気に広まったのは高度成長まっただ中の東京オリンピック昭和三九（一九六四）年の頃からでした。

昭和四一（一九六六）年、野菜指定産地制度を含む「野菜生産出荷安定法」が公布されました。たとえば群馬県嬬恋村《つまごい》のようなキャベツの指定産地になると、一年中キャベツをつくることが要求されるようになったのです。そうなるとやはり、栽培計画の立てやすいF1種の野菜が必要なのです。また、同じ畑で同じものばかりつくるのですから、キャベツ産地ではキャベツの病気が当然出てくるので、その病気に対する抵抗性を持ったF1種がつくられていきました。たとえば根こぶ病が出れば、家畜用カブの根こぶ病抵抗性が入れられたF1種のキャベツがつくられました。このような図式で野菜はF1種に席巻されていくとともに、産地や市場がモノカルチャー化していき、味はどんどんまずくなっていったのです。

カブでも同じです。最初につくられたF1種のカブはタキイ種苗の「早生大蕪《わせおおかぶ》」という聖護院系の大カブでしたが、大カブは関西しか需要がないので、次いで昭和四二（一九六七）年に「耐病ひかり蕪《かぶ》」がつくられました。これは日本の小カブと、大きくて丈夫な外国の家畜飼料用のカブを掛け合わせてつくられたものです。形が良く、小カブから大カブになっても形が崩れないために農家や市場に喜ばれ、一気に広がっていきました。しかし、かたくて味は最悪です。今では、農家はもっと耐病性のあるものを使うようになっており、産地で使われなくなった「耐病ひかり蕪」は家庭菜園向きとなっています。種が余っているものを、家庭菜園用と称して売っているわけです。たしかにつくりやすくて虫もつきにくいですから、味を別にすれば家庭菜園向きといえるのかもしれません。

選抜、淘汰でつくり出した自信作「みやま小かぶ」

固定種として、新たに品種名をつけるだけの独自で固定された形質を売り物にするには、優良な母本を維持するための原種選抜と、逸脱した株を種採りから排除する淘汰が毎年欠かせません。

私のところの「みやま小かぶ」は東京の在来種である「金町小かぶ」の二系統を自然交雑させ、選抜、固定したもので、完璧な形状と甘みのある肉質で、固定種時代の日本の小カブの完成品と自負しています。

最初の原種を手に入れてから三年間、母本選抜してひとまず固定してから品種名を日本種苗協会に登録し、以後五〇年にわたって選抜、淘汰の作業を続けてきました。ただ、長期にわたって形質を固定しすぎたため、最近十数年はすっかりホモ化（ある遺伝子が同一化）して生命力が衰え、採種量が激減してしまいました。

これではいけないと、数年前あえて目をつぶって一年だけ選抜を休み、まいた種すべてから種を採ってみたのですが、その年から驚くほど採種量が増加して、品種の生命力が復活しました。反面、陰に隠れていた潜性形質も発現したようで、一～二割形状の良くない株も出るようになったので、現在再び一〇〇％「みやま小かぶ」となるよう追い込んでいるところです。

カブのように交雑しやすい作物の採種には、周囲から隔絶された山間の環境が必須条件です。これまで採種を依頼していた農家のお年寄りが亡くなられてしまったこともあり、平成一九（二〇〇七）年秋、やむをえず放棄された山間の畑を借りました。

無農薬・無肥料栽培に情熱を注ぐ若い農家の手助けを得て、山の斜面を耕し、播種。一週間ごとの定休日に生育状況を見回りながら間引きや除草を実施。年末に母本選抜と植えつけを完了したのです。

「江戸時代、最初に誕生した種屋は、みんなこうして額に汗して、みずから採種していた

「みやま小かぶ」の母本選抜（埼玉県飯能市高山）

「みやま小かぶ」の種

はず。委託採種、ましてや海外委託採種など、本当の種屋のやることではない」と強がり、負け惜しみを言ってはみたものの、じつは今も時々痛む足腰をさすらざるをえないのです。

市場に出回る品種が料理の常識を変える

一般に流通するカブは、まずはタキイ種苗のF_1種である「耐病ひかり蕪《かぶ》」に席巻されましたが、これはあまりにもかたくてまずい。そこで協和種苗が「はくれい」というF_1種のカブをつくりました。カブやダイコンは、根の表皮細胞がかたくなって実を護っているのですが、この表皮細胞を持たない突然変異の個体がたまたま見つかり、これを片親にしてF_1種をつくったのです。

表皮細胞がないので、サクッとした歯ごたえで生でも食べられます。これを「サラダかぶ」と称して売り出したのですが、そのとたん、他の種苗会社もすぐに種採りをして親を割り出し、自分のところでも別の「サラダかぶ」をつくりはじめました。タキイ種苗であれば「スワン」というカブがそうです。ただ、これらのカブも、あまりカブ本来の味はありません。

固定種のカブしかなかった時代のカブの調理法は、皮はむかずに、そのまま切って漬け物や煮物にしていました。ところが皮のかたい「耐病ひかり蕪」が全盛になると、料理の本では「カブは皮をむいて使いましょう」と解説するようになっていきました。最近は「サラダかぶ」が出てきたので、「皮はむかなくても……」となってきています。市場に出回るカブによって、料理の常識も変わっていくということです。

春ダイコンは韓国産

昔の春のダイコン(大根)は「時無《ときな》し大根」「二年子《にねんご》大根」といったかたいダイコンしかありませんでした。かたくないとトウが立ってしまって、春まきできなかったのです。一方、韓国には「アルタリ大根」という、形は悪いけれど寒さに鈍感でトウ立ちしない系統があり、それと日本の青首ダイコンを掛け合わせたF_1種のダイコンが日本でつくられました。これをつくったのは、自家不和合性によるF_1種づくりを発見した禹長春博士のお弟子さんです。

日本でつくられたF_1種のダイコンですが、親種の「アルタリ大根」の本場でいくらでも素材がある韓国のほうで、ダイコンの改良が進められました。今では、日本で生産されている春の青首ダイコンは、すべて韓国生まれの種から育てられています。種苗会社はそれぞれ自分の名前をつけて販売していますが実際には韓国のダイコンで、パッケージをよく見ると韓国産と書いてあるはずです。いずれにせよ、現在のダイコンの主流はタキイ種苗の「耐病総太《そうぶと》り」から始まったF_1種の青首ダイコン一辺倒です。「耐病総太り」は味は マアマアですが、とにかくす(鬆)が入らなくてそろいが良いので産地は喜んだのです。

ところが最近、この「耐病総太り」がF_1種にあるまじく品質が相当ばらついてしまっています。これは、「あまりに売れすぎたために需要をまかないきれなくなり、F_1種の次世代であるF_2まで種を採ってしまったのではないか」と噂されています。この「耐病総太り」は、品質がばらついてしまったために農家では使わなくなっていますが、味がそこそこなので、現在は家庭菜園用に出回っています。

また最近の秋の青首ダイコンは、おもしろいことにどんどん青首の色が薄くなっています。じつは江戸の昔から、関東では青首ダイコンが毛嫌いされていたのです。タクアンに漬けたときに、青首の部分が黒くなるのが、江戸っ子には許せなかったわけです。ですから、かつて江戸周辺では青首ダイコンは絶対につくられることはありませんでした。時代が進み、「耐病総太り」の誕生から始まって、世の中が青首ダイコンばかりになってしまったため、仕方なしに関東の漬け物屋さんもF_1種の青首ダイコンを使っていたのですが、「やっぱり黒くなるのはイヤだ」ということで、それで今は、青首の部分の色が薄く新しいF_1種のダイコンに、徐々にシフトしているのです。

漬け物業界がトレンドを決めるハクサイ

ハクサイ（白菜）は中国で、カブから派生してきた野菜です。カブの中から葉のおいしいものがチンゲンサイの仲間として生まれ、そこから山東菜の仲間が生まれ、そこからハクサイが生まれたようです。日清戦争で中国に行った人が結球したハクサイを見てビックリし、種を日本に持ち帰ったそうですから、ハクサイは日本に明治以降に入ってきた野菜です。

固定種の時代、ハクサイの種のトップ企業は渡辺採種場という会社でした。花粉を運ぶ昆虫は海を渡れないことから、渡辺採種場では交雑を防ぐために宮城県の松島の島々で種採りをおこない、品質の安定した種をつくり出していたのです。

「松島純二号」が大正一三（一九二四）年にでき、その後生まれた「松島新二号」は栽培しやすくおいしいので、現在、うちではいちばん売れているハクサイです。環境適応力が強く、無肥料栽培で全株がみごとに結球し、驚かされたこともあります。

今、市場で売れているのは黄芯系のF_1種のハクサイです。これの元祖は、日本農林社が出した「新理想」という昭和三六（一九六一）年の品種ですが、当初はそれほど売れませんでした。

ところが、昔はまるごと漬けて売っていた漬け物業者が、切って漬けたものを売るようになったことで、「内側の葉がほのかに黄色いほうが見栄えが良い」と突然売れるようになったのです。この「新理想」はおいしいけれど少し栽培しにくい品種だったので、現在は栽培しやすい黄芯系ハクサイをつくり出そうと、各企業がやっきになって研究を進めているところです。

世界を席巻した日本のブロッコリー

日本のF_1種が世界を席巻してしまったのがブロッコリーです。もともとブロッコリーはヨーロッパ原産で、アメリカで発達した野菜です。しかし日本で生まれた自家不和合性を利用したF_1種の種が、アメリカの種をほとんど駆逐してしまいました。アメリカにもブロッコリーの種を採っていた会社がたくさんあったはずですが、アブラナ科をF_1種にする技術がなかったのです。

ところが、アメリカの研究機関が「ブロッコリーのスプラウトがガンに効く」と発表したことを契機に、アメリカの種会社はスプラウト用の種として活路を見出しました。なんといっても、種を大量に使うのは、発芽を食べるスプラウトですから。「これはどうも、ブロッコリーの種が売れなくなったアメリカの種会社が仕掛けたのではないか」とも考えられるところですが……。日本でも、スプラウト用のブロッコリーの種をわざわざ仕入れて売っています。

おすすめの固定種カブ

みやま小かぶ（採種地＝埼玉、主産地＝全国）

前述してきた当店オリジナルのカブです。東京の在来種である「金町小かぶ」と同系で千葉の「樋の口小かぶ」とを交雑させ、円形で甘みのある肉質のものを選抜して固定したもので、「日本蔬菜《そさい》原種審査会」で最優秀賞を受賞し続けていた、小カブの最高峰。特に味噌汁にすると、とろけるほどにやわらかくて甘く、絶品です。

温海かぶ（採種地＝山形、主産地＝山形）

「温海《あつみ》かぶ」は濃い赤紫色をした赤カブで、肉質はかたいのですが、甘酢に漬けたりナマスにすると絶品。産地では、今でも伝統的な焼き畑栽培によってつくられています。

ほかにも固定種として残されている漬け物用の赤カブには、長野県の「木曽紅かぶ」、滋賀県の「万木《ゆるぎ》赤かぶ」、島根県の「津田かぶ」などがあります。「津田かぶ」は、球状になる他の赤カブとは違い、曲玉《まがたま》状になるのが特徴です。

日野菜かぶ（採種地＝滋賀、主産地＝滋賀）

「日野菜《ひのな》かぶ」は寒さにあたると、葉と根部の地上に出ている部分が赤紫色に、地下に埋まっているところは白くなる、長根系のたいへん美しいカブです。独特の辛み成分を持っており、風味豊かな漬け物になります。

聖護院大かぶ（採種地＝デンマーク、主産地＝京都）

日本では最大のカブで、大きいものは数kgにもなります。薄切りにして千枚漬けに利用します。京野菜の代表ですが、京都市内での栽培は減少しています。

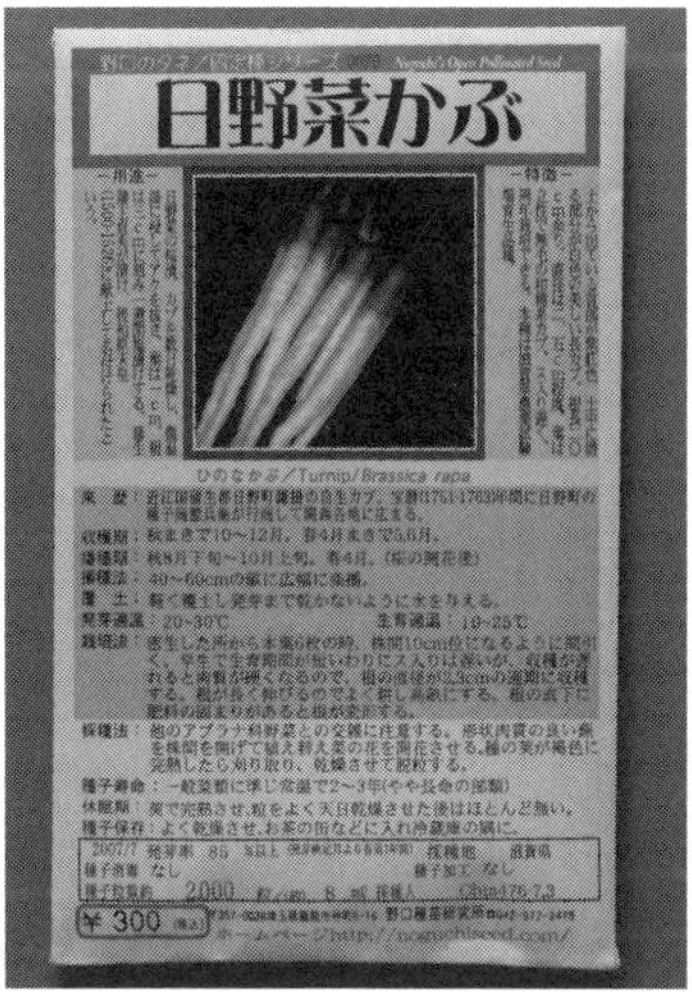

日野菜かぶの種袋

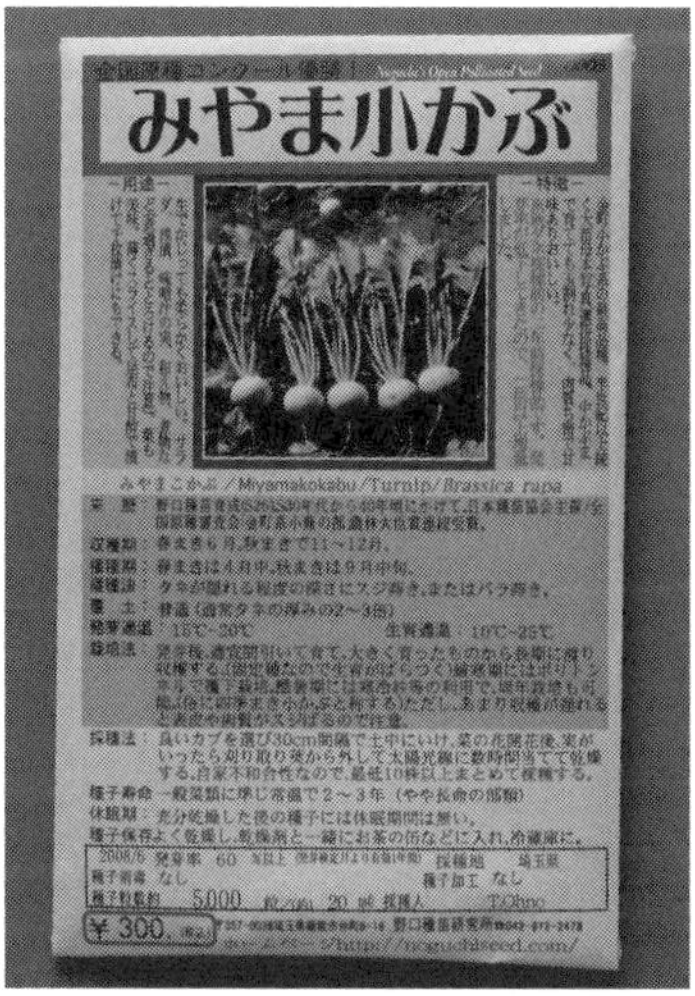

みやま小かぶの種袋

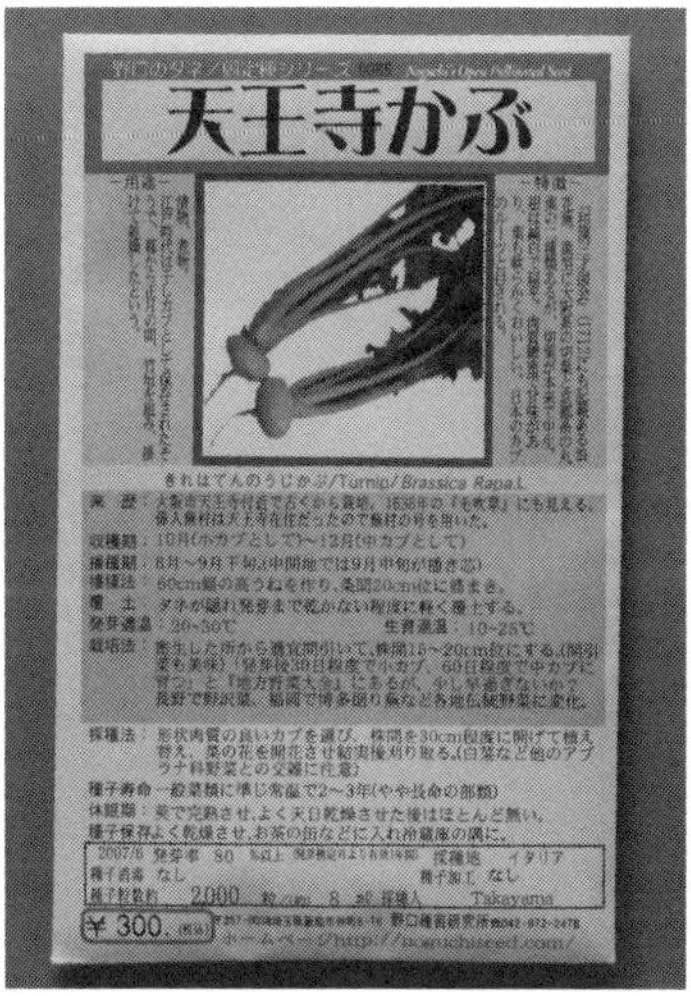

天王寺かぶの種袋

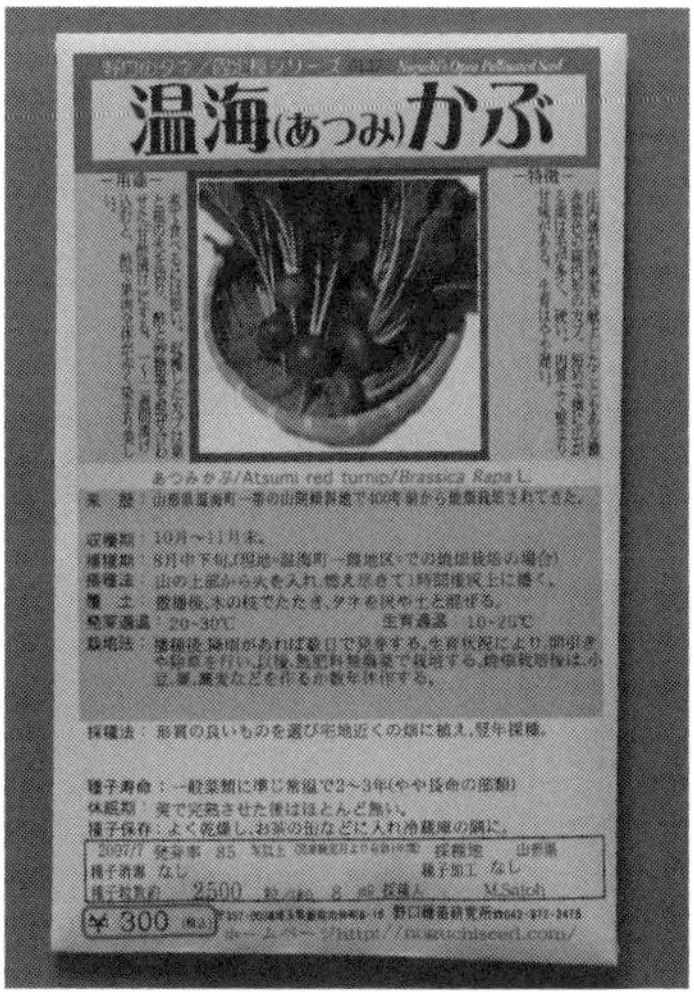

温海かぶの種袋

鞘入りのダイコンの種

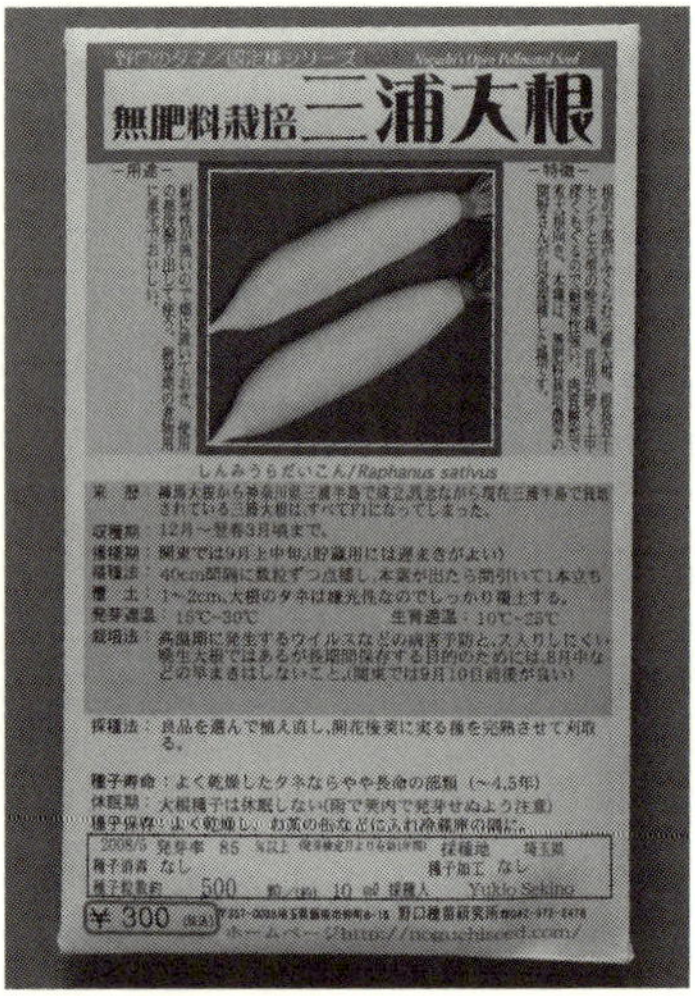

「三浦大根」の種袋

天王寺かぶ（採種地＝大阪、主産地＝関西）

葉も根もおいしく、漬け物用として最適のカブです。これを長野に持ち込んだところ、なぜかカブが育たずに葉ばかり育ってしまったので、その葉を利用するようになったのが「野沢菜」だという伝説があります。

おすすめの固定種ダイコン

大蔵大根（採種地＝千葉、主産地＝関東）

東京都は世田谷で生まれたダイコンです。晩生で初冬に出回り、す（鬆）があまり入りません。つくりやすくて実がやわらかく、べったら漬けにしても煮物にしても味が良いので、家庭菜園には最適です。ただし、「大蔵《おおくら》大根」は首が地上に出るために、貯蔵性があまりありません。

三浦大根（採種地＝埼玉県、主産地＝全国）

神奈川県の三浦《みうら》半島で生まれたダイコンです。「大蔵大根」と同じく、煮物やべったら漬けに向く、味の良いダイコンです。「大蔵大根」と違って首が地上に出ず、春まで畑に置ける、貯蔵性の高いダイコンです。平成二〇（二〇〇八）年には無肥料栽培で知られる関野農園（埼玉県富士見市）の関野幸生さんが自家採種した種を用意しました。

阿波晩生沢庵大根（採種地＝徳島県、主産地＝関西）

タクアンに使用するダイコンの東の代表が「練馬大根」だとすれば、西の代表は徳島県で生まれた「阿《あ》波《わ》晩生《ばんせい》沢庵大根」。切り干し大根にも向いています。

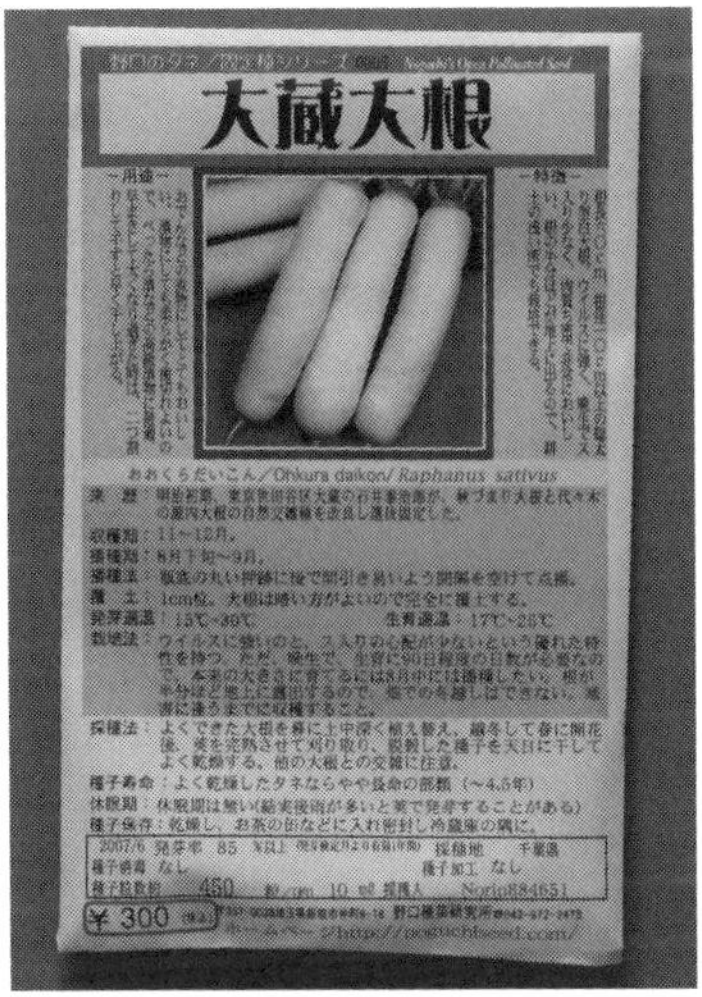

大蔵大根の種袋

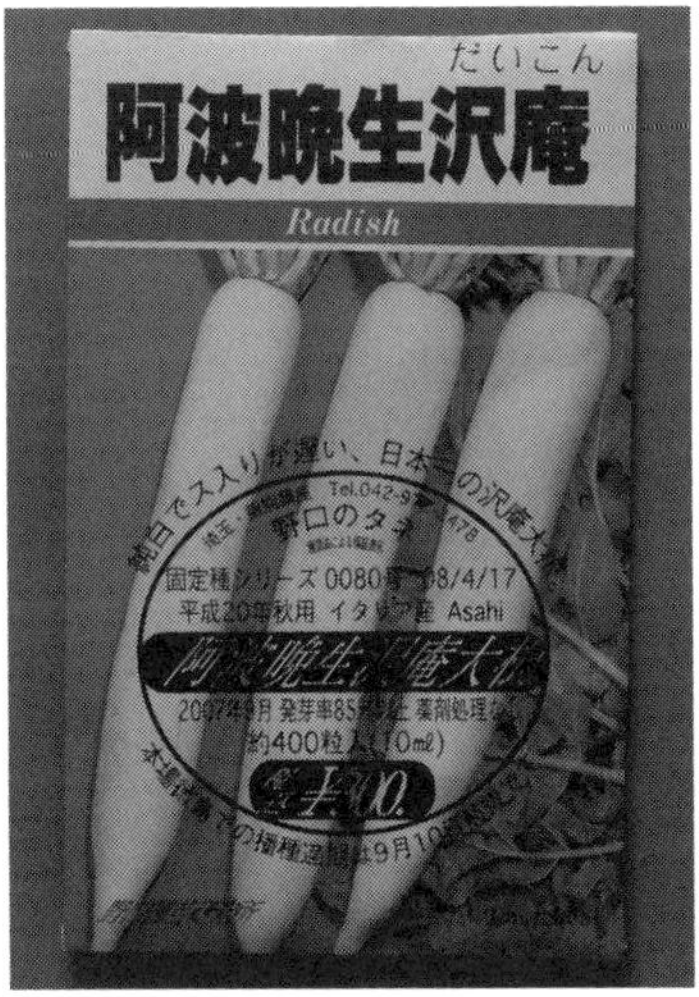

阿波晩生沢庵大根の種袋

方領大根　（採種地＝イタリア、主産地＝愛知）

「方領《ほうりょう》大根」は「練馬大根」の基となったとされているダイコンで、かつては早生のものと晩生のものがあったそうですが、現在ではほとんどが早生のものとなっています。水牛の角のような形をしたものが良品とされており、肉質はやわらかく多汁で、甘みに富んでいます。ふろふき大根などの煮物に使うと絶品です。自家栽培するならば、早生のダイコンは採り遅れるとすぐにす（鬆）が入ってしまうので注意が必要です。

中之条ねずみ大根　（採種地＝長野、主産地＝長野、岐阜）

信州蕎麦《そば》の薬味に使われてきた辛み用ダイコンで、根長一五cm、根径七cm程度と短型で尻のつまりがよく（下ぶくれの形状）、ネズミに似た形をしています。肉質は緻密で強烈

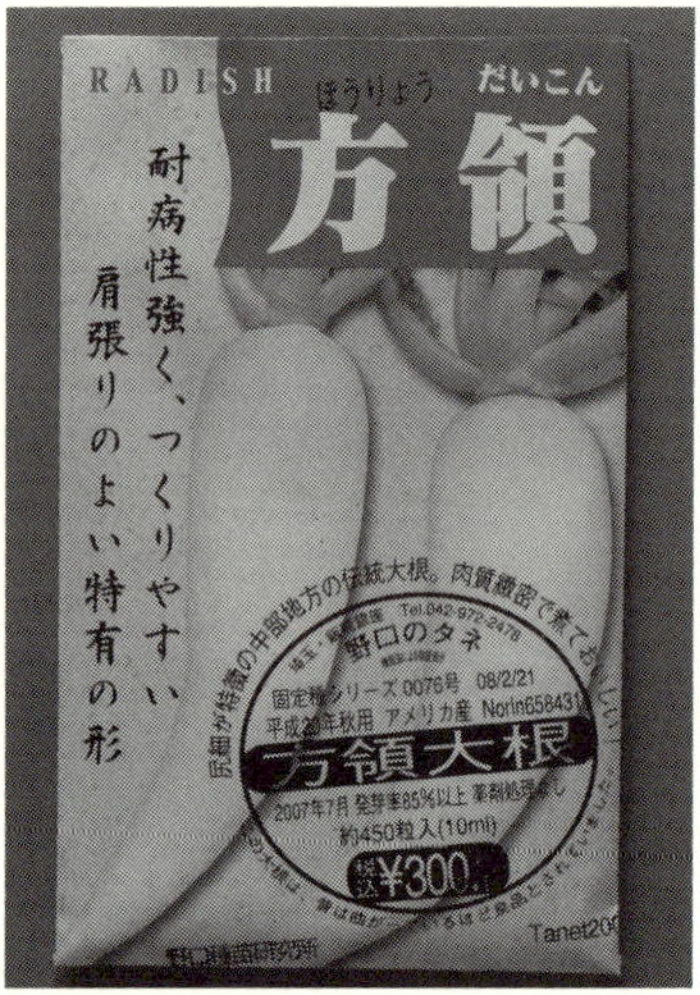

方領大根の種袋

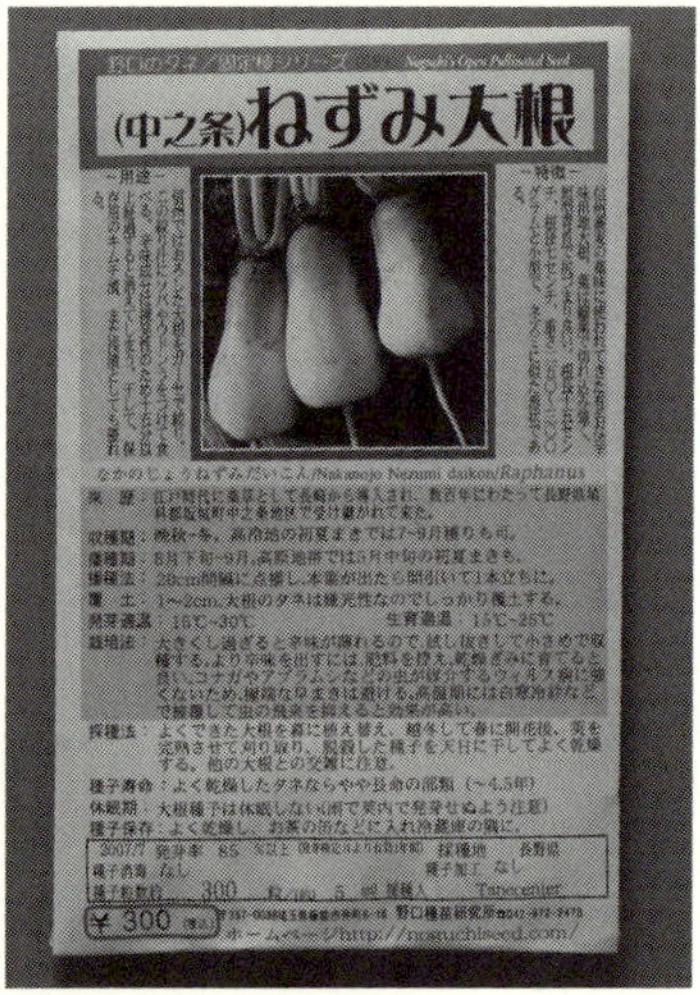

中之条ねずみ大根の種袋

な辛みがあります。根だけでなく、特徴ある細い葉も独特です。

おすすめの固定種ハクサイ

松島新二号白菜（採種地＝イタリア、主産地＝全国）

F_1種のハクサイは無肥料ではまず結球しませんが、このハクサイは無肥料でも結球します。環境適応性に優れており、家庭菜園にも向く味の良いハクサイです。

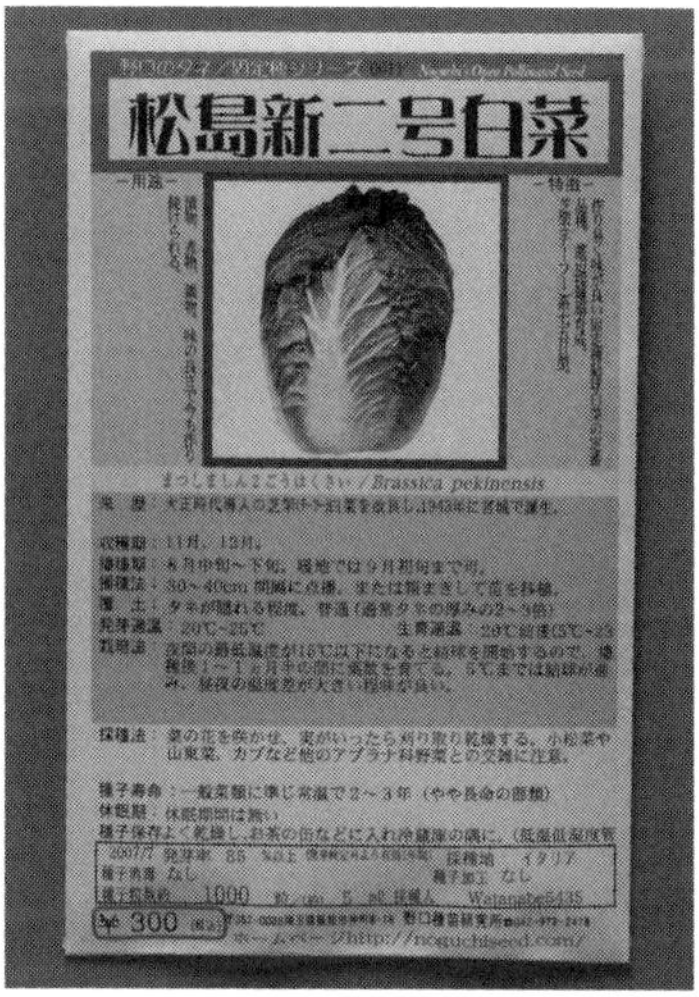

松島新二号白菜の種袋

◆6章 不思議な野菜「のらぼう」の秘密

江戸時代に幕府から配布された野菜

私の店で扱っているアブラナ科のナッパの人気商品に「のらぼう」があります。これは「のらぼう菜」とも呼び、とてもおいしいのですが、じつに不思議な野菜です。

江戸時代の明和四（一七六七）年、徳川幕府の関東郡代という関東全体を治めている代官で伊奈備前守忠宥《いなびぜんのかみただおき》という人がいました。その人が江戸近郊の天領、要するに将軍家直轄の村々に「闇婆菜《じゃばな》」の種を配布したのですが、それがいつのまにか「のらぼう」と名前を変え、埼玉県飯能市や東京都青梅《おうめ》市を中心とした東京西郊の山麓地帯に残ってきたものです。闇婆というのは、インドネシアのジャワ島のことです。この名前がついているということは、当時、南蛮貿易船が南方経由で持ち込んだものだったのでしょう。

伊奈備前守忠宥が「闍婆菜」を配布した時の書き付けと、受け取り証文が遺されているのですが、そこには「とにかくおいしいナッパだからつくりなさい。食べ飽きたら種を採って油をしぼって使いなさい」ということが書かれていました。とにかく種子がたくさん採れるので、幕府は油を採るために配布したようです。

しかし、幕府が採れた油を年貢として納めさせようとした時に「これは下賜された〝闍婆菜〟じゃなくて〝のらばえ〟（野良生え）です」、つまり栽培したものではなく自然に生えているものだと言って年貢逃れをして、その「のらばえ」がいつしか「のらぼう」に転じたのではないかと思われます。東京都の五日市《いつかいち》（現あきるの市）には、「天明・天保の飢饉の時に〝のらぼう〟を栽培していたおかげで助かった」という伝説が残されています。

他のアブラナ科と交雑しない「のらぼう」

昭和四〇年代、種苗会社がこぞって日本中のいろんな野菜を集めて「F_1種の親として、どれとどれを組み合わせたらどんな野菜ができるか」ということを盛んに試していた時期に、この「のらぼう」もとにかくおいしいので、数社が私の店から持ち帰っていきました。しかし、交雑しやすいアブラナ科なのに、なぜか「のらぼう」は他のナッパとは交雑しないのです。

ある日、日東農産という会社が「のらぼう」を持って帰ってから二〜三年後に当店に来て、「〝のらぼう〟は三倍体になっていて、ほかのナッパと掛からない（掛け合わせできない）」と言ってきました。三倍体というのは、通常の生物は父型と母型の遺伝子を一セットずつ持っている（二倍体）のですが、それが三セットあるもののことをいいます。三倍体は普通、種が採れないので「それはおかしい」と思っていたのですが、後に神奈川県農業技術センターでおこなわれた調査では、「のらぼう」は西洋ナタネと同じ異質四倍体（複二倍体）であることがわかりました。つまり、対になれない三倍体と違い、四倍体は対になることができるために、「のらぼう」は種を採ることができるのですが、他の普通のアブラナ科

収穫間近の「のらぼう」（写真・埼玉県農林総合研究センター園芸研究所）

女性や子供にも人気の「のらぼう」（写真・埼玉県農林総合研究センター園芸研究所）

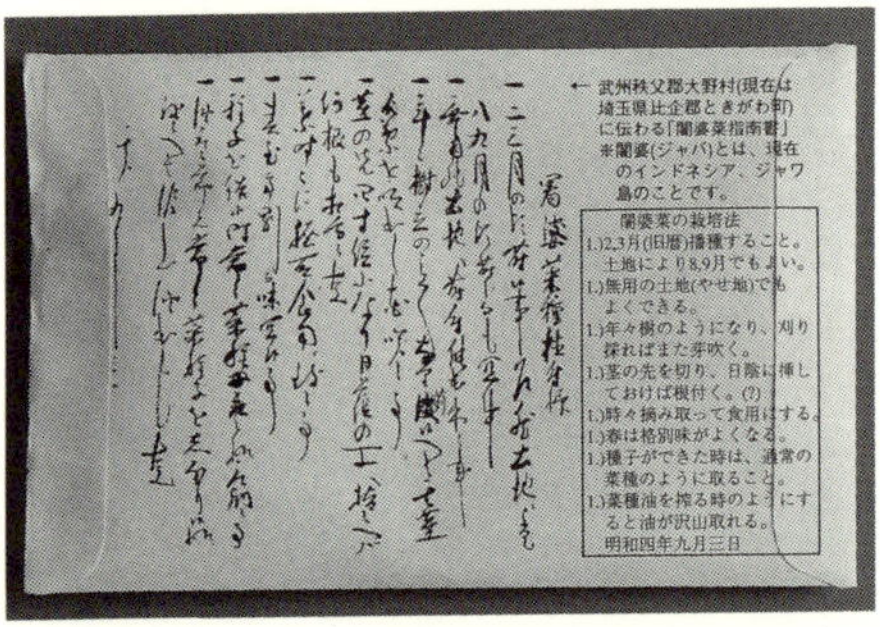

自家製のオリジナル種袋の裏面に「のらぼう」の由来、栽培法などを記載

（二倍体）とは交雑しないのです。

　また平成一七（二〇〇五）年に当店を訪れたサカタのタネの通販部長の思い出話では、「野口さんのところからもらっていった〝のらぼう〟は他のアブラナ科野菜と違って自家不和合性がないために、自分の花で実をつけてしまって、ほかの花粉が入る余地がない。だからF_1種の親にするのは諦めた」ということでした。

種が大量に採れる「のらぼう」

「のらぼう」はとてもつくりやすいので、日本全国に広まってほしい家庭菜園向きの春野菜です。

　九月の彼岸頃に種をバラバラと畑の隅や庭の隅にでもまいておけば、すぐに芽が出てきます。その中から勢いが良いものを二〇本も選んで、三〇～五〇㎝間隔ぐらいで植えてやると、冬の寒さでも平気でどんどん育ちます。天候が順調ならば、翌年の三月には高さ一m、直径一mの大株になって、アスパラガスよりも太いトウが立ってきます。じつはこれが、とにかく甘くておいしいのです。菜の花というのはだいたい苦みがあって、どっちかというと男の酒のつまみみたいなものが多いのですけど、これはまったく苦みがなく、甘いのです。そのため、おひたしやごまあえ、炒め物などにすると、女性や子供に大人気です。

　冬場が生育期間となるため、病害虫の発生がなく栽培に手間がかかりません。とにかくものすごい勢いで育ちますし、食べ飽きて放っておけば種も採れます。普通のカブやハクサイは、だいたい一株から採れる種の量は一〇～二〇㎖くらいですが、「のらぼう」は約一dℓと、放っておいても五倍の量の種が採れてしまいます。他のものと交雑しませんから、一株だけ残して種を採れば、翌年にも使えます。

製油用にも「のらぼう」を

「のらぼう」は西洋アブラナの仲間です。この西洋ナタネのことを英語では「レイプシード」と言います。レイプとは物騒な英語ですが、辞書を引いてみるとナタネの意味もあります。ナタネ油をしぼったかすのことは「レイプケーキ」、菜の花のことは「レイプフラワー」と言います。なぜ、レイプなどという名前がついたのか、よくわかりません。

現在、製油用に遺伝子組み換えされたナタネが、カナダからたくさん入っており、これが日本中に広がっています。西洋人はナッパを食用としていないため、遺伝子組み換え作物にすることにあまり抵抗がないのです。ところが、製油工場に運ばれている過程で、トラックからこぼれたナタネが日本中に繁茂してしまっているようです。これがもし日本のアブラナ科の野菜と掛かって（交雑して）しまったら、ちょっとまずいことが起きてしまうかもしれません。

遺伝子組み換えのナタネは、石油価格の高騰のあおりを受けて食用油だけでなく工業用油として転用されており、現在はかなり値上がりをしているようです。日本はこれだけの休耕田を抱えておきながら、外国から遺伝子組み換えのナタネを輸入するというのは、ちょっとおかしいのではないかと思います。

それならば、日本にあるナッパで油を採ればいいのではないでしょうか。わざわざ危険な遺伝子組み換えのものを食用にするよりも、ナタネがたくさん採れる「のらぼう」をもっと広げていけば、国内産でそういった油をまかなえるかもしれません。なんといっても江戸時代には、もともと油を採るために配られた野菜なのですから。

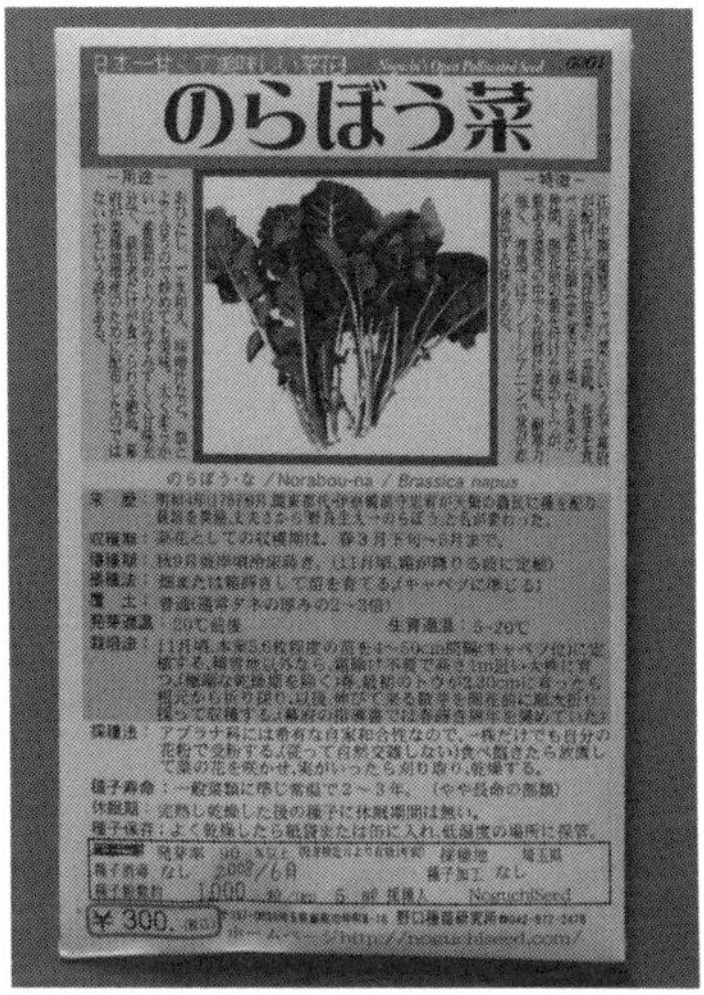

のらぼう菜の種袋

「のらぼう」の種

第３部

野菜固定種の種取り扱いリスト

種袋を並べた棚の一角

自家採種技術の復活と固定種の復権

販売用野菜種子のほとんどをF_1種にしてしまったのは日本ぐらいで、たとえば、フランスの種子会社のカタログを見ると、七~八割が現在も固定種です。野菜が、本来持っていた生命力を取り戻し、地方の食文化と結びついていた本来の味を取り戻すためには、固定種を復活させるしか方法がありません。そのためには、F_1種の氾濫で農村から失われてしまった自家採種技術を、再び農村に復活させる必要があります。

平成一七(二〇〇五)年、東京農大通りの古書店で、「農業世界増刊　蔬菜改良案内」という明治四四(一九一一)年八月刊の雑誌を入手しました。明治という時代に、セロリやコールラビ、アーティチョーク、食用タンポポやエンサイなどの栽培法が紹介されているのにも驚きましたが、野菜ごとに、「種類」「性質」「栽培法」「促成法」「病虫害」「貯蔵法」などの項目と並んで、種子繁殖の植物にはほとんど「採収法」として種の採り方が載っていたのには、本当にビックリしました。

「蔬菜改良案内」という誌名のとおり、かつて野菜栽培というのは、ただ種をまいて収穫するだけでなく、自家採種して品種改良していくことまですべて含んでいたのだということが、何にもましてよくわかりました。

固定種の良い点は、自家採種できるということです。自家採種を三年も続けていけば、

「農業世界増刊　蔬菜改良案内」(明治44年8月刊)

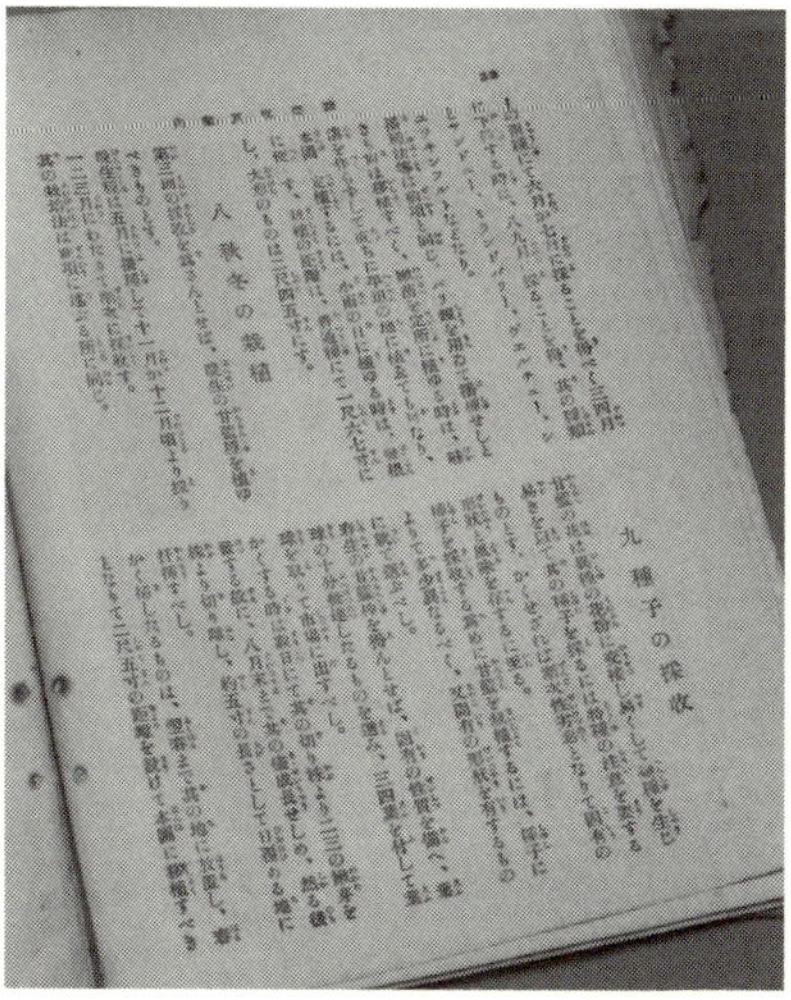

「種子の採収」の項目を設けて、種の採り方を解説

その土地に合った野菜に変わっていきますし、外国野菜の種子なども取り入れて、新しい日本の野菜を創造するのもおもしろいと思います。当店のオリジナル絵袋にも、「採種法」という項目を入れて、栽培する人が自家採種しやすいよう手助けをしています。

家庭菜園を楽しむということは、スーパーで売っているような見栄えの良い野菜を、ただ家計の足しにつくることでなく、野菜本来の味を楽しみながら自家採種して野菜の進化の手助けをし、本来の健康な野菜を育んで地域おこしの一助にもなる……。そんな人が増え、伝統野菜、地方野菜が各地に再び生まれ、よみがえる。そんな日がやがてくることを、今、毎日夢見ています。

種屋として固定種を守り続ける

平成二〇（二〇〇八）年六月、飯能市の商店街にあった店をたたみ、七㎞ほど奥の父の生地にある倉庫を改造して店を移転しました。

高齢の両親と共に住み、面倒をみるためですが、同時に、常連客が寄る年並みで姿を消したり、若い世代はホームセンターなどで種を求めたりするため、売り上げ減に打つ手がなくなったからでもあります。

もっとも平成一二（二〇〇〇）年から「F_1種の安売り合戦をしても意味がないし、ましてや大手種苗メーカーの代理店をするつもりもない」と思っていました。どうせなら「日本の野菜を味の良い固定種に戻そう。全国に残っている固定種を可能なかぎりそろえて通販しよう」と、身のほど知らずにも決心したのです。

野菜固定種の主な種　取り扱い品

固定種の種は、外国産でないかぎり、その年に採種されたものの流通が基本原則です。ですから、その年の採種地での種の生産状況によって、価格や粒数が変動したり、まったく入荷できずに取り扱えない品目が出てくる場合があります。また、本文中で何度もご紹介してきたとおり、現在、固定種はF_1種の攻勢におされていますので、地方種苗店の廃業や採種農家の消滅によって、種の生産そのものが突然中止されてしまうこともしばしば起こっています。

このように入荷予測が立たないため、これまで私の店では商品カタログのようなものを一切つくっておりませんでした。「最新の取り扱い種のカタログを送ってもらいたい」とよく言われますが入荷の不安定さゆえ、お応えしきれないことをご理解いただきたいのです。したがって、次のページからのリスト（平成一九～二〇（二〇〇七～二〇〇八）年の主な取り扱い品）に掲載されている品目は、これまで取り扱ってきた品目というだけで、今後も常に供給できるというわけではないことを、ご了承ください。

逆に、常に新しい取り扱い品目を探していますので、以下のリストに掲載されていないものでも、新たに入荷する品目がある場合もあります。ご注文いただく場合は、まずはE-mailかＦＡＸでお問い合わせいただければ幸いです。

なお、リストの中の採種地の表示は平成一九～二〇（二〇〇七～二〇〇八）年入荷時のもので、国内産と書かれている種もいつ海外採種のものに置き換わるかわかりません。なるべく種子消毒されていない種を入荷するよう努めていますが、これも入荷してみるまでわかりません。また、採種地の右脇に主産地の項目を設けていますが、固定種野菜として大産地が形成されているわけではないので、普及地の意味合いがあることをお含みおき願います。

野菜固定種の種 取り扱いリスト

＊リストは 2011 ～ 2012 年初めの取り扱い品を主にしている。種によっては供給できなくなったり、新たに取り扱ったりする場合がありうる。なお、品種名は種袋掲載の商品名を主としている。価格は税込み。2012 年 1 月現在

●果菜類

ナス（ナス科）

品種	まき時	採種地	主産地	特徴	約粒数	価格
早生真黒茄子	2、3月（温床）5月（直播）	タイ	埼玉県から全国	中長ナスの原型	100 粒	300 円
立石中長茄子	2、3月（温床）5月（直播）	福井県	福井県、北陸	F1 の千両二号に酷似という	100 粒	300 円
仙台長茄子	2、3月（温床）5月（直播）	インド	宮城県	やわらかい。長ナス漬けに	100 粒	300 円
久留米大長茄子	2、3月（温床）5月（直播）	インドネシア	九州、関西	晩生。煮物などに	100 粒	300 円
新長崎長茄子	2、3月（温床）5月（直播）	福岡県	九州	長さ 40cm の大長ナス	100 粒	300 円
民田茄子	2、3月（温床）5月（直播）	タイ	山形県、東北	極早生の漬け物用小ナス	100 粒	300 円
十全一口水茄子	2、3月（温床）5月（直播）	福井県	新潟県、北陸	やわらかい小ナス	100 粒	300 円
加茂大芹川丸茄子	2、3月（温床）5月（直播）	長野県	京都府	晩生。煮物や焼きナスに	100 粒	300 円
埼玉青大丸茄子	2、3月（温床）5月（直播）	福島県	埼玉県	巾着型の青ナス	100 粒	300 円
薩摩白長茄子	2、3月（温床）5月（直播）	宮崎県	九州	淡緑色長ナス	100 粒	300 円
白丸茄子	2、3月（温床）5月（直播）	福岡県	九州	淡緑色丸ナス	100 粒	300 円
えんぴつ茄子	2、3月（温床）5月（直播）	長野県	新潟県	先が尖ってやわらかい	100 粒	300 円
梨茄子	2、3月（温床）5月（直播）	新潟県	新潟県	水気多く、おいしい丸ナス	100 粒	300 円
長岡巾着茄子	2、3月（温床）5月（直播）	新潟県	新潟県	ふかしたり煮たりすると美味	100 粒	300 円
泉州絹皮水茄子	2、3月（温床）5月（直播）	大阪府	大阪府	生で食べられる絶品ナス	100 粒	300 円

山科茄子	2、3月（温床） 5月（直播）	長野県	京都府	京都のおいしい伝統ナス	100粒	300円
吉川丸茄子	2、3月（温床） 5月（直播）	福井県	福井県	京都の加茂茄子の先祖という	100粒	300円

トマト（ナス科）

品種	まき時	採種地	主産地	特徴	約粒数	価格
ポンデローザ	3月（温床） 5月（直播）	長野県	全国	昔のおいしいトマト。不整形	100粒	300円
世界一トマト	3月（温床） 5月（直播）	長野県	全国	耐病性改良種	100粒	300円
アロイトマト	3月（温床） 5月（直播）	岐阜県	全国	F1の桃太郎を固定した完熟トマト	100粒	500円
アロイトマト（露地無肥料栽培種子）	3月（温床） 5月（直播）	埼玉県	全国	無肥料栽培で採種したアロイトマト	100粒	500円
ステラミニトマト	3月（温床） 5月（直播）	中国	全国	貴重な固定種のミニトマト	100粒	300円
食用ホオズキ	3月（温床） 5月（直播）	福井県	全国	甘い高性。スカットパール種	100粒	300円

ピーマン／トウガラシ（ナス科）

品種	まき時	採種地	主産地	特徴	約粒数	価格
さきがけピーマン	2月（温床） 5月（直播）	ブラジル	関東	果重100 gと果肉が厚い	70粒	300円
カリフォルニアワンダー	2月（温床） 5月（直播）	長野県	全国	大獅子型ピーマンの祖	70粒	300円
伊勢ピーマン	2月（温床） 5月（直播）	岐阜県	三重県	甘唐から誕生	100粒	300円
バナナピーマン	2月（温床） 5月（直播）	タイ	全国	バナナ型。緑から黄色、赤に変化	70粒	300円
ピッコロシシトウ	2月（温床） 5月（直播）	京都府	関東、全国	辛みが出ないと好評	70粒	300円
ひもとうがらし	2月（温床） 5月（直播）	中国	奈良県	10cmくらいで細長い。どんな料理にも合う。甘唐	30粒	300円
万願寺唐辛子	2月（温床） 5月（直播）	長野県	京都府	果長15cmと長大	70粒	300円

伏見甘長唐辛子	2月（温床） 5月（直播）	長野県	京都府	辛みがまったく出ない	150粒	300円
鷹の爪とうがらし	2月（温床） 5月（直播）	中国	全国	果長3cm、密生豊産。辛い	300粒	300円
げきからとうがらし	2月（温床） 5月（直播）	宮城県	東北	果長12cm。青唐で辛い	70粒	300円
沖縄島唐辛子	2月（温床） 5月（直播）	タイ	沖縄県	小さな激辛トウガラシ	60粒	300円
ハバネロ（橙）	2月（温床） 5月（直播）	アメリカ	キューバ	タバスコの10倍辛い	40粒	300円
ハバネロ（赤）	〃	アメリカ	キューバ	ダイダイより辛い	40粒	300円
八ッ房とうがらし	2月（温床） 5月（直播）	宮城県	全国	小型。葉トウガラシに最適。辛い	300粒	300円
黄とうがらし	2月（温床） 5月（直播）	福岡県	九州	黄色。下向きになる。辛い	40粒	300円
日光とうがらし	2月（温床） 5月（直播）	栃木県	栃木県、関東	長型で辛い	150粒	300円
かぐらなんばん	2月（温床） 5月（直播）	新潟県	新潟県	ピーマン形で辛いトウガラシ	180粒	300円
紫とうがらし	2月（温床） 5月（直播）	奈良県	奈良県	辛みはほとんどなく甘い	40粒	300円

スイカ（ウリ科）

品種	まき時	採種地	主産地	特徴	約粒数	価格
旭大和西瓜	2月（温床） 5月（露地）	三重県	奈良県、全国	F_1縞ありスイカの母親。縞なし	30粒	300円
乙女西瓜	2月（温床） 5月（露地）	岐阜県	奈良県、全国	赤肉小玉。旭大和と嘉宝の子	30粒	300円
大和クリーム西瓜	2月（温床） 5月（露地）	三重県	奈良県、全国	風味最高で黄肉スイカが高級品に	30粒	300円
嘉宝西瓜	2月（温床） 5月（露地）	三重県	全国	小型黄肉。楕円型	30粒	300円
銀大和西瓜	2月（温床） 5月（露地）	奈良県	奈良県	珍しい白肉。糖度は高くない	30粒	300円
くろべ西瓜	2月（温床） 5月（露地）	石川県	富山県	赤肉長大。ラットルスネーク種	10粒	500円
でえらい西瓜	2月（温床） 5月（露地）	奈良県	全国	100 kgコンテスト用スイカ	5粒	500円

新大和２号西瓜	2月（温床） 5月（露地）	奈良県	奈良県	縞皮赤肉西瓜	30粒	300円
黒小玉西瓜	2月（温床） 5月（露地）	長野県	長野県	赤肉で黒皮小玉	10粒	300円

マクワウリ／シロウリ（ウリ科）

品種	まき時	採種地	主産地	特徴	約粒数	価格
みずほニューメロン	5月（直播）	タイ	石川県、全国	淡緑球型。梨瓜	60粒	300円
奈良1号まくわ瓜	5月（直播）	奈良県	愛知県、奈良県、全国	黄皮中型	60粒	300円
甘露まくわ瓜	5月（直播）	岩手県	関東、東北	銀マクワ。淡緑長円型	60粒	300円
南部金まくわ瓜	5月（直播）	岩手県	東北	金マクワ、甘露を早生に改良	60粒	300円
網干メロン	5月（直播）	兵庫県	兵庫県	小型で甘く、皮ごと食べられる	60粒	300円
白鶴の子瓜	5月（直播）	岩手県	全国	白皮、梨瓜、品質優良	60粒	300円
タイガーメロン	5月（直播）	中国	全国	虎皮晩生、甘みが強い	60粒	300円
はぐら瓜（白）	4～6月(露地)	千葉県	千葉県、関東	やわらか浅漬け用	60粒	300円
はぐら瓜（青）	4～6月(露地)	千葉県	千葉県、関東	やわらか浅漬け用	60粒	300円
かりもり瓜	4～6月(露地)	愛知県	中部	粕漬け。堅瓜	60粒	300円
桂大長白瓜	4～6月(露地)	中国	京都府、関西	奈良漬け等	50粒	300円
かわず瓜	4～6月(露地)	愛知県	北陸、中部	蛙縞模様	60粒	300円
沼目白瓜	4～6月(露地)	福井県	北陸、中部	定番シロウリ。美味	60粒	300円

キュウリ（ウリ科）

品種	まき時	採種地	主産地	特徴	約粒数	価格
奥武蔵地這胡瓜	4～7月 （露地直播）	埼玉県	埼玉県	耐病性、やわらか地這い	50粒	300円

ときわ地這胡瓜	4～7月（露地直播）	埼玉県	埼玉県、全国	地這いキュウリの定番	50粒	300円
霜知らず地這胡瓜	4～8月（露地）	埼玉県	埼玉県、全国	遅まき用地這い	50粒	300円
相模半白胡瓜	3月（温床）4、5月（露地）	中国	関東、全国	黒イボ、節なり性強い	50粒	300円
神田四葉胡瓜	3月（温床）4、5月（露地）	奈良県	全国	美味、長型	40粒	300円
大和三尺胡瓜	3月（温床）4、5月（露地）	愛知県	関西	果長約35cm	50粒	300円
聖護院青長節成胡瓜	3月（温床）4、5月（露地）	中国	関西	節なりキュウリ	50粒	300円
加賀節成胡瓜	3月（温床）4、5月（露地）	石川県	石川県	黒イボ、節なりキュウリ	50粒	300円
加賀太胡瓜	3月（温床）4、5月（露地）	石川県	石川県	CMに使用されて人気に。太く煮物用	40粒	500円
赤毛瓜	4～7月（露地直播）	タイ	沖縄県	赤モウイ。漬け物、炒め物	50粒	300円
夏節成胡瓜	5、6月	岐阜県	九州、全国	夏秋節成の白イボキュウリ	40粒	300円
新夏秋地這胡瓜	4～7月（露地直播）	宮城県	全国	白イボ、地這いキュウリ	40粒	300円

ユウガオ／ヒョウタン（ウリ科）

品種	まき時	採種地	主産地	特徴	約粒数	価格
大長夕顔	3月（温床）5月（直播）	長野県	栃木県、全国	病害に強く多収穫。家庭菜園用に最適	15粒	300円
大丸夕顔	3月（温床）5月（直播）	岐阜県	栃木県、全国	丸型のユウガオ	15粒	300円
大ひょうたん（ジャンボ太閤）	3月（温床）5月（直播）	福井県	全国	大型で30cm以上に。非食用	8粒	300円
千成ひょうたん	4～5月(直播)	長野県	全国	典型的な形をしたヒョウタン。着果数が多い	20粒	300円

ヘチマ（ウリ科）

品種	まき時	採種地	主産地	特徴	約粒数	価格
太へちま	3月（温床） 4、5月（露地）	愛知県	全国	若い実は食用になる	30粒	300円
沖縄食用へちま	3月（温床） 4、5月（露地）	中国	沖縄県、九州	繊維が少ない。ナーベラー	30粒	300円

トウガン（ウリ科）

品種	まき時	採種地	主産地	特徴	約粒数	価格
大長とうがん	4～6月(露地)	愛知県	関東以西	大長台湾型	25粒	300円
大丸とうがん	4～6月(露地)	愛知県	関東以西	日本在来型	25粒	300円
早生小丸とうがん	4～6月(露地)	福島県	関東以北	朝鮮型早生	25粒	300円
沖縄とうがん	4～6月(露地)	中国	沖縄県	3～4kg。濃緑中玉	25粒	300円

カボチャ（ウリ科）

品種	まき時	採種地	主産地	特徴	約粒数	価格
東京南瓜	4、5月	宮城県	関東、東北	西洋カボチャ。栗カボチャの元祖	20粒	300円
打木赤皮甘栗南瓜	4、5月	長野県	石川県、中部	西洋カボチャ×日本カボチャ	15粒	300円
鹿ヶ谷南瓜	4、5月	中国	京都府	日本カボチャ。晩生ヒョウタン型。煮物	20粒	300円
日向14号南瓜	4、5月	福島県	九州	日本カボチャの代表。3～5kgの濃緑中玉。煮物	25粒	300円
神田小菊南瓜	4、5月	奈良県	関西	日本カボチャ。黒皮小型菊座型。煮物	25粒	300円
ハイグレー南瓜	4、5月	福井県	全国	ラグビーボール型	10粒	350円
錦糸瓜 （そうめん南瓜）	4、5月	長野県	全国	ペポカボチャ。三杯酢	25粒	300円
ズッキーニ	4、5月	アメリカ	全国	ペポカボチャ。炒め物	25粒	300円
アトランチックジャイアント	4、5月	福井県	全国	巨大コンテスト用。飼料用	10粒	420円

スクナカボチャ	4～5月	福井県	岐阜県	西洋栗カボチャの伝統種	5粒	300円

ニガウリ（ウリ科）

品種	まき時	採種地	主産地	特徴	約粒数	価格
沖縄中長苦瓜	5月～（直播）	タイ	沖縄県	果長25～30㎝	20粒	350円
沖縄あばし苦瓜	5月～（直播）	タイ	沖縄県	果長20～25㎝	20粒	350円
沖縄純白ゴーヤー	5月～（直播）	タイ	沖縄県	純白色、ほろ苦	10粒	420円
沖縄願寿ゴーヤー	5月～（直播）	徳島県	沖縄県	超大型。ほろ苦	20粒	420円
さつま大長苦瓜	5月～（直播）	福岡県	鹿児島県	果長30～50㎝。苦い	20粒	350円
白大長れいし	5月～（直播）	福岡県	宮崎県	白に近い淡色。ほろ苦	20粒	420円
すずめミニ苦瓜	5月～（直播）	中国	沖縄県	ミニサイズ（5㎝）。激苦	20粒	500円

オクラ（アオイ科）

品種	まき時	採種地	主産地	特徴	約粒数	価格
クレムソン	3～6月(直播)	アメリカ	全国	細長い五角オクラ。大豊産種	200粒	300円
東京香芯五角オクラ	5月～（直播）	中国	全国	五角オクラ。大豊産種	200粒	300円
八丈オクラ	5月（直播）	東京都	八丈島	丸さやで大型。やわらかい	200粒	300円
島オクラ	5月（直播）	インド	沖縄県	丸さや。やわらかい	200粒	300円
白オクラ楊貴妃	5月（直播）	山口県	山口県	丸さや。やわらかい	15粒	294円

●葉茎菜類

コマツナ（アブラナ科）

品種	まき時	採種地	主産地	特徴	約粒数	価格
改良黒葉小松菜	春、秋	長野県	全国	葉色が濃い	2000粒	300円
丸葉小松菜	周年	イタリア	全国	江戸野菜、丸葉	2000粒	300円

新黒水菜小松菜	周年	イタリア	全国	葉が黒色。大晩生で最も周年栽培に向く	2000粒	300円
新晩生小松菜	9、10月	イタリア	埼玉県、全国	種に黄色い粒が混じる。晩生	2000粒	300円
ごせき晩生小松菜	春、秋	千葉県	全国	とう立ち遅く、甘くやわらかい	2000粒	300円

サントウナ（アブラナ科）

品種	まき時	採種地	主産地	特徴	約粒数	価格
盛岡山東菜	春	岩手県	岩手県	春まき。とう立ちが遅く、美味	2000粒	300円
新山東菜	春、秋	イタリア	関東	別名春まき山東。切れ葉	2000粒	300円
丸葉山東菜	春、秋	イタリア	全国	丸葉で肉質は柔軟	2000粒	300円
花心白菜	8月下旬～9月上旬	茨城県	関東	黄芯の大型山東	2000粒	300円
東京べか菜	周年	ニュージーランド	東京都	極早生で小さいうちに出荷	2000粒	300円
半結球山東菜	春、秋	アメリカ	関東	大型。小さいものがべか山東	2000粒	300円

カラシナ（アブラナ科）

品種	まき時	採種地	主産地	特徴	約粒数	価格
リアスからし菜	8、9月	イタリア	全国	サラダでおいしい	2000粒	300円
赤リアスからし菜	8、9月	ニュージーランド	全国	サラダの彩りに	2000粒	300円
黄がらし菜	9、10月	イタリア	全国	黄色い種がマスタード。和がらし	2000粒	300円
縮緬葉がらし菜	春、秋	イタリア	東北、全国	縮れた葉が美しい	2000粒	300円
三池高菜	春、秋	福岡県	九州、全国	赤い高菜。漬け物用	2000粒	300円
青ちりめん高菜	9、10月	福島県	東北、関東	青い大葉の高菜	2000粒	300円

結球高菜	8、9月	台湾	中国野菜	ソフトボール大に結球する珍しい高菜	2000粒	300円
清国青菜	9、10月	宮城県	東北	別名山形青菜(せいさい)	2000粒	300円
博多かつを菜	9、10月	福岡県	九州	かき菜。雑煮菜	2000粒	300円
沖縄島菜	初夏〜秋	中国	沖縄県	香りよく暑さに強い	2000粒	300円
わさび菜	初夏〜秋	福岡県	全国	かき菜。サラダに	1000粒	300円

ハクサイ(アブラナ科)

品種	まき時	採種地	主産地	特徴	約粒数	価格
松島新二号白菜	8月中旬〜9月初旬	イタリア	全国	75日型。つくりやすく味が良い	1000粒	300円
松島純二号白菜	8月中旬〜9月	イタリア	全国	65日型。日本で最も古い結球ハクサイ	1000粒	300円
ちりめん白菜	8月下旬〜9月中旬	茨城県	関東	半結球。長崎唐人菜の系統	2000粒	300円
愛知白菜	8、9月	岐阜県	全国	60〜65日型。早生で品質良い	1000粒	300円
金沢大玉結球白菜	8月下旬	石川県	全国	貯蔵用大型結球	1000粒	300円

キャベツ(アブラナ科)

品種	まき時	採種地	主産地	特徴	約粒数	価格
札幌大球甘藍	寒冷地5月 中間地・暖地9月	北海道	北海道	4〜10kgに育つ大型種	150粒	300円
札幌大球甘藍4号	寒冷地5月 中間地・暖地9月	北海道	北海道	15〜20kgに育つ超大型種	100粒	300円
中生成功甘藍	3〜7月 9月下〜10月	愛知県	全国	つくりやすい三季まきキャベツ	450粒	300円
極早生早春甘藍	9月中旬〜	宮城県	全国	早どり用春キャベツ	450粒	300円

富士早生甘藍	9月～10月上旬	福岡県	全国	やわらか春キャベツ	450粒	300円
青汁ケール	3～10月	岐阜県	全国	青汁用のケール	500粒	300円

カリフラワー／ブロッコリー（アブラナ科）

品種	まき時	採種地	主産地	特徴	約粒数	価格
野崎早生カリフラワー	6～8月、10月	鹿児島県	全国	固定種カリフラワーの定番品種	400粒	300円
みなれっと	7～8月	愛知県	全国	ロマネスコ型の緑色のカリフラワー	20粒	420円
ブロッコリー／ドシコ	6～8月	アメリカ	全国	固定種ブロッコリーの定番品種	400粒	300円

中国野菜（アブラナ科）

品種	まき時	採種地	主産地	特徴	約粒数	価格
早生チンゲンサイ	春、秋	イタリア	全国	小型で早どり用	2000粒	300円
中生チンゲンサイ	9、10月	イタリア	全国	中型でとう立ち遅い	2000粒	300円
白茎パクチョイ	9、10月	イタリア	全国	小型で白茎	2000粒	300円
紹菜(タケノコ白菜)	8、9月	イタリア	全国	タケノコ型のパリパリ白菜	2000粒	300円
タアツァイ	4～10月	イタリア	全国	濃緑葉で冬平たく夏は立勢	2000粒	300円
紅菜苔（コウサイタイ）	8月下旬～9月	中国	全国	赤く美しいとうを食べる	2000粒	300円

その他ナッパ（アブラナ科）

品種	まき時	採種地	主産地	特徴	約粒数	価格
ビタミン菜	春、秋	ニュージーランド	全国	とう立ちが遅く、万能のナッパ	2000粒	300円
ちぢみ菜	春、秋	イタリア	全国	夏の直売場で特に好評	2000粒	300円
晩生広島菜	春、秋	広島県	中国	日本三大漬け物	2000粒	300円

四月しろ菜	春、秋	イタリア	関西、東北	とう立ちが遅い	2000粒	300円
野沢菜	8、9月	長野県	長野県、全国	日本三大漬け物	2000粒	300円
仙台芭蕉菜	8、9月	宮城県	東北	60㎝以上の大型ナッパ	2000粒	300円
早生京壬生菜	8月下旬～10月	滋賀県	京都府	丸葉のミズナ。早生種	2000粒	300円
中生京壬生菜	8、9月	長崎県	京都府	漬け物や鍋物に	2000粒	300円
晩生京壬生菜	8月下旬～10月	イタリア	京都府	春まで置ける晩生種	2000粒	300円
早生千筋京水菜	周年	デンマーク	全国	サラダ用に	2000粒	300円
中生千筋京水菜	8月下旬～10月	イタリア	全国	漬け物や鍋物に	2000粒	300円
晩生千筋京水菜	8月下旬～10月	イタリア	全国	大株にして漬け物や鍋物に	2000粒	300円
早池峰（はやちね）菜	8～10月	岩手県	岩手県	遠野の地野菜	2000粒	300円
雪白体菜（杓子菜）	9月	イタリア	埼玉県、全国	大型のパクチョイ。「つまみ菜」はこれ	2000粒	300円
宮内菜	9月	オーストラリア	群馬県	晩生芯つみ菜	2000粒	300円
女池菜	9月	新潟県	新潟県	別名新潟小松菜	2000粒	300円
大崎菜	9月	新潟県	新潟県	水かけ菜	2000粒	300円
長岡菜	9月	新潟県	新潟県	太い茎が美味の漬け菜	2000粒	300円
のらぼう菜	9月彼岸頃	埼玉県	東京都、埼玉県	甘みある丈夫な菜花	1000粒	300円
食用早生油菜	9、10月	イタリア	関東	食用、採油用	2000粒	300円
春立ち菜花	9、10月	宮城県	東北	早生菜花	800粒	300円
大和真菜	9、10月	鳥取県	奈良県	大根葉のカブ菜	2000粒	300円
体中菜	9、10月	奈良県	全国	チンゲン菜×体菜の新野菜	1000粒	300円
仙台雪菜	9、10月	イタリア	東北	寒さに強くほろ苦い	2000粒	300円

シュンギク／キクナ（キク科）

品種	まき時	採種地	主産地	特徴	約粒数	価格
中葉春菊	春、秋	デンマーク	関東	関東で一般的なシュンギク	8000粒	300円
大葉春菊	春、秋	香川県	関西	関西で一般的なキクナ	7000粒	300円
中村系春菊	春、秋	奈良県	全国	株張りの中大葉	4000粒	300円
おたふく春菊	春、秋	福岡県	中国、九州	丸葉で厚肉	5000粒	300円
スティック春菊	周年	デンマーク	全国	サラダ用で話題。一本立シュンギク	4000粒	300円

レタス／サニーレタス／サラダナ／チシャ（キク科）

品種	まき時	採種地	主産地	特徴	約粒数	価格
オリンピア	2～3月	アメリカ	全国	おいしい夏レタス	700粒	300円
早生サリナス	8、9月	アメリカ	全国	寒さに強いレタス	700粒	300円
しずか	8、9月	オーストラリア	全国	少肥栽培向きのおいしいレタス	700粒	300円
サニーレタス	春、秋	アメリカ	全国	赤いサニーレタス	1000粒	300円
サラダ菜	春、秋	オーストラリア	全国	レタスの仲間で一番つくりやすい	1000粒	300円
チマ・サンチュ	春、秋	韓国	茨城県	焼肉用かきちしゃ	1000粒	300円
白かきちしゃ	春、秋	愛知県	関西、中部	苦みが出ない	1000粒	300円

ネギ（ユリ科）

品種	まき時	採種地	主産地	特徴	約粒数	価格
石倉根深一本葱	9月、3月	トルコ	関東	一本ネギの代表種	1200粒	300円
余目一本太葱	9月	南アフリカ	宮城県	仙台曲がりネギ	1500粒	300円
下仁田葱	10月	山梨県	群馬県	短く太い殿様ネギ	1000粒	300円

岩槻葱	周年	アメリカ	関東	分けつ葉ネギ	1500 粒	300 円
京都九条太葱	周年	イタリア	関西	元祖万能葉ネギ	2000 粒	300 円
汐止晩生葱	春秋彼岸前後	チリ	関東	とう立ち遅い分けつ春ネギ	1500 粒	300 円
赤ひげ葱	春秋彼岸前後	チリ	関東	赤皮の分けつネギ	1200 粒	300 円
浅黄系九条細葱	周年	イタリア	関西	分けつ多い細ネギ	1200 粒	300 円
越津葱	春、秋	岐阜県	愛知県	分けつネギ	1200 粒	300 円

ホウレンソウ（ヒユ科）

品種	まき時	採種地	主産地	特徴	約粒数	価格
豊葉法連草	9、10 月	デンマーク	関東	日本×ミンスター針種	3000 粒	300 円
あかね法連草	9月中旬～10月中旬	岩手県	山形県	寒くなると葉も赤くなる針種	2300 粒	300 円
日本ほうれん草	9、10 月	デンマーク	全国	おいしい切葉赤根の在来種針種	3000 粒	300 円
治郎丸法連草	9、10 月	デンマーク	中部、関西	日本×西洋針種	3000 粒	300 円
丸粒ミンスターランド	11 月～春	デンマーク	全国	丸粒西洋種だが日本種に似る	3000 粒	300 円
針種ミンスターランド	11 月～春	デンマーク	全国	とう立ち遅い洋種。針種	3000 粒	300 円

フダンソウ／ビート（アカザ科）

品種	まき時	採種地	主産地	特徴	約粒数	価格
日本白茎ふだん草	周年	イタリア	全国	英名／スイスチャード	500 粒	300 円
黒種小粒白茎ふだん草	周年	中国	全国	関西名／うまい菜	600 粒	300 円
デトロイト・ダークレッド	春、秋	新潟県	全国	テーブルビート	600 粒	300 円

シソ（シソ科）

品種	まき時	採種地	主産地	特徴	約粒数	価格
純赤縮緬シソ	3～5月	宮城県	全国	梅干しなどの色づけに	2500粒	300円
青縮緬シソ	3～5月	宮城県	全国	いわゆる大葉	2500粒	300円
うらべにしそ	3～5月	埼玉県	各地	しそジュースに最適	2500粒	300円

エゴマ（シソ科）

品種	まき時	採種地	主産地	特徴	約粒数	価格
白エゴマ	4、5月	青森県	東北	採油、葉とり	3500粒	300円
黒エゴマ	4、5月	岩手県	東北	採油、葉とり	5000粒	300円

その他葉茎菜類

品種	まき時	採種地	主産地	特徴	約粒数	価格
パセリ	春、秋	イタリア	全国	改良パラマウント	750粒	300円
セロリ	6～7月	長野県	全国	改良コーネル619	1500粒	300円
三つ葉	梅雨時が最適	茨城県	全国	関東白茎三つ葉	3000粒	300円
コリアンダー	秋彼岸頃	イタリア	全国	香菜、パクチー	200粒	300円
ヒユナ（バイアム）	5月～	台湾	全国	葉を食べるアマランサス	5000粒	300円
食用太つるむらさき	5月～	タイ	全国	緑葉緑茎	100粒	300円
モロヘイヤ	5月～	タイ	全国	ヌメリが特徴の健康野菜	1000粒	300円
あしたば	4、5月	東京都	八丈島	種の寿命が短い	250粒	300円
おかひじき	4、5月	長野県	東北	シャリシャリ歯ざわり	800粒	300円
おかのり	春、秋	福井県	全国	虫つかず強健	1000粒	300円
たいりょう（ニラ）	春、秋	宮城県	全国	おいしいジャンボニラ	500粒	300円

いろこい菜	5月〜	中国	中国	濃緑のヒユナ	5000粒	300円

●根菜類

カブ（アブラナ科）

品種	まき時	採種地	主産地	特徴	約粒数	価格
早生今市かぶ	9、10月	奈良県	関西	早生扁円	2000粒	300円
聖護院大かぶ	8、9月	デンマーク	関西	千枚漬けはこれ	2000粒	300円
松ヶ崎浮菜かぶ	8、9月	徳島県	京都府	葉がミズナで根がカブ	1000粒	300円
寄居かぶ	8、9月	アメリカ	新潟県	天王寺系	2000粒	300円
遠野かぶ	8、9月	岩手県	岩手県	辛い遠野カブ	1200粒	300円
津田かぶ	8月下旬〜9月	島根県	島根県	勾玉状の紅白カブ	2000粒	300円
日野菜かぶ	春、秋	滋賀県	関西	紅白長カブ	2000粒	300円
木曽紅かぶ	8月下旬〜9月中旬	長野県	中部山地	赤紫色。すんき漬けに	2000粒	300円
温海かぶ	8月中下旬	山形県	山形県	焼畑栽培赤カブ	2500粒	300円
万木（ゆるぎ）赤かぶ	8月下旬〜9月中旬	岐阜県	滋賀県	アチャラ漬けなど漬け物用	2000粒	300円
近江万木かぶ	9月	滋賀県	滋賀県	根こぶ病抵抗性	1000粒	300円
みやま小かぶ	9月中旬	埼玉県	全国	金町系小カブ	2500粒	300円
大野紅かぶ	8月下旬〜9月	イタリア	北海道	葉も赤い赤カブ	2000粒	300円
加茂酸茎菜	9月	熊本県	京都府	すぐき菜漬け	2000粒	300円
博多据りかぶ	8〜10月	福岡県	福岡県	天王寺系	2000粒	300円
天王寺かぶ（切葉）	8、9月	大阪府	大阪府	日本カブのルーツ	2000粒	300円
東京長かぶ	9月中旬	茨城県	東京都	長いカブ	2000粒	300円
飛鳥あかねかぶ	9月中旬	奈良県	奈良県	細長型赤カブ	200粒	367円
矢島かぶ	8、9月	滋賀県	滋賀県	紅白丸カブ	2000粒	300円

第3部　野菜固定種の種 取り扱いリスト

ダイコン（アブラナ科）

品種	まき時	採種地	主産地	特徴	約粒数	価格
時無し大根	春、秋	ニュージーランド	京都府、全国	春まき用の代表種	700粒	300円
大丸聖護院大根	8、9月	福岡県	全国	浅い耕土の畑に	500粒	300円
みの早生大根	5月、8～9月	千葉県	関東	暑さに強い	400粒	300円
衛青（アオナガ）大根	8、9月	イタリア	中国	別名ビタミン大根	400粒	300円
方領大根	8、9月	イタリア	中部	尾張の名物美味ダイコン	450粒	300円
桜島大根	8月	長崎県	鹿児島	大晩生種	400粒	300円
阿波晩生沢庵大根	8、9月	徳島県	関西	関西沢庵ダイコン	400粒	300円
燕京赤長大根	8、9月	イタリア	中国	皮は赤いが中は白い	400粒	300円
早生すなし聖護院大根	8、9月	福岡県	関西	す入りが遅い聖護院大根	400粒	300円
白上がり京大根	8、9月	徳島県	京都府	純白中型ダイコン	400粒	300円
青首宮重尻丸大根	9、10月	愛知県	中部、関西	尻止まりの良い青首	450粒	300円
和歌山大根	8、9月	和歌山県	和歌山県	純白中型ダイコン	400粒	300円
小瀬菜大根	8、9月	イタリア	宮城県	根こぶ病の畑をきれいにする葉ダイコン	500粒	300円
カザフ辛味大根	9月	中国	全国	青皮で丸い辛味大根	未詳	367円
中長聖護院大根	8、9月	岐阜県	全国	長型の聖護院大根	450粒	300円
赤筋大根	8、9月	愛知県	東北	赤い横筋がある	500粒	300円
宮重総太大根	8月下旬～9月中旬	愛知県	全国	F_1青首総太大根の元祖	450粒	300円
宮重長太大根	8月下旬～9月中旬	デンマーク	中部、関西	長型青首宮重	450粒	300円
京都薬味大根	8月下旬～9月	熊本県	京都府	小さく丸い辛味大根	300粒	300円

ねずみ大根	8月下旬～9月	韓国	長野県	信州の辛味専用ダイコン	100粒	300円
(中之条) ねずみ大根	8月下旬～9月	長野県	長野県	ねずみ型辛味大根	300粒	300円
練馬大長大根	8、9月	千葉県	関東	関東沢庵ダイコン	400粒	300円
吸込二年子大根	10月	千葉県	関東	春どり用ダイコン	400粒	300円
打木源助大根	8月20日～9月10日	愛知県	石川県	おいしい中型青首ダイコン	400粒	300円
京都青味大根	8月下旬～9月中旬	徳島県	京都府	宮中行事用小型ダイコン	300粒	300円
青丸紅芯大根	8月下旬～9月中旬	アメリカ	中国	青皮で中が赤い。甘酢で美味	400粒	300円
四季蒔倍辛大根	周年	奈良県	全国	周年栽培が可能な辛味ダイコン	120粒	300円
山田ねずみ大根	8月下旬～9月中旬	滋賀県	滋賀県	純白中型ダイコン(辛味用でない)	450粒	300円
守口大根	9月中旬	愛知県	岐阜県	細くて長～い	450粒	300円
紀州大根	8月下旬～9月中旬	岐阜県	和歌山県	和歌山大根の改良種	400粒	300円
沖縄島大根	8月下旬～9月	中国	沖縄県	別名鏡水大根	450粒	300円
大阪四十日大根	10月中下旬	アメリカ	関西	別名雑煮大根	500粒	300円
大蔵大根	8月下旬～9月	千葉県	関東	太くて短い晩生煮ダイコン	450粒	300円
三浦大根	9月中旬	埼玉県	関東	尻太りで長い貯蔵用煮ダイコン	450粒	300円
亀戸大根	11～12月	茨城県	東京都	春の高級漬け物ダイコン	600粒	300円
短型宮重総太大根	8、9月	愛知県	中部	短い青首ダイコン	450粒	300円
新西町大根	9月中旬	埼玉県	埼玉県	短めの理想大根	450粒	300円

ラディッシュ（アブラナ科）

品種	まき時	採種地	主産地	特徴	約粒数	価格
赤長二十日大根	周年	アメリカ	全国	ロングスカーレット	500粒	300円
赤丸二十日大根	周年	アメリカ	全国	コメット	500粒	300円
白長二十日大根	周年	アメリカ	全国	ホワイトアイシクル	500粒	300円
紅白二十日大根	周年	アメリカ	全国	フレンチ・ブレックファースト	500粒	300円
ミニマル大根	春、秋	アメリカ	全国	超小型、丸形ダイコン	400粒	298円

タマネギ（ユリ科）

品種	まき時	採種地	主産地	特徴	約粒数	価格
今井早生タマネギ	9月	イタリア	関西	太平型美味	800粒	300円
泉州中甲黄大タマネギ	9月初中旬	フランス	全国	固定種タマネギの定番	1000粒	300円
湘南レッド	9月20日頃	イタリア	全国	平型サラダ用赤タマネギ	700粒	300円
奥州タマネギ	9月初中旬	イタリア	全国	貯蔵用タマネギの元祖	1000粒	300円
ジェットボール	8月下旬～9月中旬	香川県	全国	春どり用極早生	500粒	300円
ノンクーラータマネギ	9月	香川県	全国	貯蔵性一番	800粒	300円
赤たまサラダ	9月	オーストラリア	全国	サラダ用甲高赤タマネギ	800粒	300円
仙台黄タマネギ	9月初中旬	宮城県	宮城県	貯蔵用丸タマネギ	1000粒	300円

ニンジン（セリ科）

品種	まき時	採種地	主産地	特徴	約粒数	価格
子安三寸人参	春、夏、秋	イタリア	全国	時なし三寸人参	2000粒	300円
黒田五寸人参	3月～7、8月	長崎県	全国	五寸人参の定番	1600粒	300円
冬越黒田五寸人参	7、8月	長崎県	全国	黒田から土に潜る系統を選抜	1600粒	300円
春蒔五寸人参	3～7月	イタリア	全国	おいしい五寸人参	2000粒	300円

紅福冬越五寸人参	7、8月	福島県	全国	夏まき専用おいしい五寸	2000粒	300円
万福寺大長人参	7、8月	福島県	関東	滝野川系日本の大長ニンジン	2000粒	300円
真紅金時人参	7、8月	香川県	関西	真っ赤な一尺人参	2000粒	300円
国分鮮紅大長人参	3～7月	イタリア	全国	春もまける西洋系大長ニンジン	2000粒	300円
沖縄島人参	7、8月	沖縄県	沖縄県	黄色い長ニンジン	2000粒	350円
ピッコロ人参	春、夏、秋	チリ	全国	ソーセージ型ミニニンジン	2000粒	300円
ラブリーキャロット	春、夏、秋	アメリカ	全国	丸型ミニニンジン	2000粒	300円
スーパー鮮紅一尺人参	7、8月	アメリカ	全国	甘い冬採り用の一尺人参	1000粒	300円

ゴボウ（キク科）

品種	まき時	採種地	主産地	特徴	約粒数	価格
三年子滝の川牛蒡	春、秋	岩手県	全国	秋まきできる三年子ゴボウ	350粒	300円
大浦太牛蒡	3～5月	岩手県	千葉県	太いが味は最高	350粒	300円
越前白茎牛蒡	春、秋	福井県	福井県	葉ゴボウで有名	280粒	300円
山ごぼうSB系	夏まき	長野県	中部	モリアザミの根	300粒	300円
美白牛蒡	春、秋	岩手県	全国	アクの出ない白肌ゴボウ	180粒	367円

●豆類・穀類・その他

エダマメ／ダイズ（マメ科）

品種	まき時	採種地	主産地	特徴	約粒数	価格
早生大豊緑枝豆	5月	北海道	全国	早生枝豆。白鳥系	100粒	300円
中生三河島枝豆	5、6月	岩手県	関東	中生枝豆。ダイズにも	100粒	300円
えんれい大豆	5、6月	長野県	長野県	中生系ダイズの代表	100粒	300円
鶴の子大豆	6月	北海道	北海道	中生系。大粒	80粒	300円

中晩生枝豆錦秋	6、7月	岩手県	東北	中晩生枝豆。ダイズにも	80粒	300円
中晩生枝豆秘伝	6、7月	岩手県	東北	晩生枝豆。おいしい	100粒	300円
グリーン75枝豆	5月 11月（加温ハウス）	北海道	全国	超極早生枝豆	80粒	300円
はやいっ茶枝豆	5月	北海道	東北	超極早生茶枝豆	100粒	300円
早生茶豆越後ハニー	5、6月	北海道	新潟県	茶枝豆	120粒	300円
中生晩酌茶豆	6月	北海道	東北	庄内五号系	100粒	300円
庄内一号茶豆（早生）	5、6月	岩手県	東北	ダダ茶豆	120粒	300円
庄内三号茶豆（中早生）	5、6月	岩手県	東北	ダダ茶	120粒	300円
庄内五号茶豆（中晩生）	5、6月	岩手県	東北	白山ダダ茶豆、赤花	100粒	300円
庄内七号茶豆（晩生）	5、6月	岩手県	東北	ダダ茶豆	100粒	300円
たんくろう枝豆	5、6月	岩手県	全国	枝豆用早生黒豆	100粒	300円
黒船枝豆	5、6月	北海道	全国	枝豆用早生黒豆	100粒	300円
丹波献上黒大豆	6、7月	兵庫県	全国	晩生黒豆煮物用	50粒	350円
岩手みどり豆	6、7月	岩手県	東北	晩生青ダイズ	90粒	300円
晩生青入道枝豆	6、7月	福島県	東北	晩生青ダイズ	80粒	300円
信濃くらかけ大豆	6、7月	長野県	長野県、北海道	鞍掛状の黒い斑が入った青ダイズ	100粒	300円
ひざ栗毛枝豆	6、7月	宮城県	東北	毛豆	80粒	300円

サヤインゲン（マメ科）

品種	まき時	採種地	主産地	特徴	約粒数	価格
いちずいんげん	4～7月	タイ	全国	白種丸さや。形状抜群。長期多収	80粒	300円
黒種尺五寸いんげん	4～7月	北海道	全国	黒種丸さや。成りは遅いが美味	90粒	300円

ケンタッキーワンダーRR	4～7月	アメリカ	全国	茶種丸さや。どじょういんげん改良種。美味	80粒	300円
ケンタッキー101	4～7月	アメリカ	全国	早生白種丸さや	100粒	300円
白種ケンタッキー	4～7月	アメリカ	全国	白種丸さや。収量抜群	100粒	300円
マンズナルいんげん	4～7月	岩手県	東北	極早生平さや。煮豆も美味	50粒	300円
つるあり成平いんげん	4～7月	オランダ	全国	平さや豊産	70粒	300円
つるありモロッコいんげん	4～7月	北海道	全国	早生。やや短型の平さや	60粒	300円
沖縄島いんげん	4～7月	沖縄県	沖縄県	大平さや。尺八寸	60粒	300円
南星（ハイブシ）	4～7月	沖縄県	沖縄県	暑い中でよく成る	80粒	300円
鈴成八ツ房いんげん	4～7月	福島県	関東	真夏もよく成る。丸さや。スジあり	120粒	300円
八重みどりいんげん	4～7月	北海道	全国	おいしい丸さや。つるなし	80粒	300円
レマンつるなし	4～7月		全国	やわらかい平さや。つるなし	70粒	300円
つるなしモロッコインゲン	4～7月	アメリカ	全国	早生。やや短型の平さや	50粒	300円
ナリブシいんげん	4～7月	中国	沖縄県	暑さに強く丸さや	80粒	300円

インゲンマメ（マメ科）

品種	まき時	採種地	主産地	特徴	約粒数	価格
金時菜豆	4～7月	北海道	北海道	つるなし赤煮豆	60粒	300円
白金時菜豆	4～7月	長野県	長野県	つるなし白煮豆	50粒	300円
銀手亡	4～7月	北海道	北海道	半つる性白煮豆	90粒	300円
長鶉菜豆	4～7月	北海道	全国	つるなしうずら豆	60粒	300円
丸鶉菜豆	4～7月	北海道	全国	つるありうずら豆	50粒	300円
大福菜豆	4～7月	北海道	北海道	つるあり白煮豆	40粒	300円

フジマメ（マメ科）

品種	まき時	採種地	主産地	特徴	約粒数	価格
赤花鵲豆	4～6月	岐阜県	関西	ふじ豆、千石豆	80粒	300円
白花鵲豆	4～6月	岐阜県	関西	同上	80粒	300円

ハナマメ（マメ科）

品種	まき時	採種地	主産地	特徴	約粒数	価格
赤花豆	平地では7月まき	北海道	高冷地	高温下では実がつかない	15粒	300円
白花豆	平地では7月まき	北海道	高冷地	高温下では実がつかない	15粒	300円

アズキ（マメ科）

品種	まき時	採種地	主産地	特徴	約粒数	価格
早生小豆	5、6月	長野県	北海道	小粒アズキ	500粒	300円
丹波大納言	7月	兵庫県	全国	大粒土用アズキ	150粒	350円
白小豆	5、6月	北海道	北海道	白小粒	250粒	300円

ササゲ（マメ科）

品種	まき時	採種地	主産地	特徴	約粒数	価格
金時ササゲ	5、6月	茨城県	全国	実取り赤飯用	150粒	300円
三尺ササゲけごんの滝	5、6月	アメリカ	全国	さや取り用やわらか	50粒	300円

ソラマメ（マメ科）

品種	まき時	採種地	主産地	特徴	約粒数	価格
ロングリーン	10月	イタリア	全国	長さや大粒	15粒	300円
河内一寸蚕豆	10月	大阪府	関西	極大粒美味	8粒	300円
讃岐長莢蚕豆	10月	香川県	香川県	5～6粒入りの小粒ソラマメ	25粒	300円

エンドウ（マメ科）

品種	まき時	採種地	主産地	特徴	約粒数	価格
日本絹莢豌豆	11月上中旬	北海道	全国	白花つるあり伝統種	100粒	300円
ゆうさや豌豆	11月	中国	全国	赤花つるあり豊産種	100粒	300円
子宝30日豌豆	11月、4〜7月	イタリア	全国	茎長1m半つる性	120粒	300円
仏国大莢豌豆	11月	中国	全国	赤花やわらかつるあり	80粒	300円
園研大莢豌豆	11月	千葉県	全国	超大型つるあり	60粒	300円
スナック豌豆	11月上旬	アメリカ	全国	甘いつるあり白花	120粒	300円
成金つるなし豌豆	11月上旬	岩手県	全国	赤花つるなし	120粒	300円
グリーンピース	11月上旬	アメリカ	全国	実取りつるあり	100粒	300円
ロングピース	11月上旬	アメリカ	全国	実取り長さやつるあり	100粒	300円
白目豌豆	11月上旬	岩手県	全国	実取りつるあり	90粒	300円
緑うすい豌豆	11月上旬	中国	全国	実取りつるあり	80粒	300円
ツタンカーメンの豌豆	11月	イタリア	全国	実取りつるあり	20粒	300円

コメ（イネ科）

品種	まき時	採種地	主産地	特徴	約粒数	価格
ひとめぼれ	4月	岩手県	東北、全国	ベストセラー水稲	2000粒	300円
黒米（朝紫）	4月	岩手県	全国	もち性水稲	2000粒	300円
陸稲農林1号	5月	愛知県	全国	もちおかぼ	2000粒	300円
陸稲農林24号	5月	岐阜県	全国	うるちおかぼ	2000粒	300円
自然栽培ササニシキ	4月	宮城県		良食味	2000粒	300円
あきたこまち	4月	岩手県	東北、全国	広域栽培に適する	2000粒	300円

ムギ（イネ科）

品種	まき時	採種地	主産地	特徴	約粒数	価格
普通小麦	10、11月	東京都	関東	農林61号	2000粒	300円
南部小麦	10、11月	岩手県	東北	グルテン多め	2000粒	300円
六条大麦	10、11月	長野県	全国	麦茶	1800粒	300円
二条大麦	10、11月	群馬県	全国	ビール麦	1800粒	300円
ライ麦	春、秋	アメリカ	全国	ライ麦パン等	3500粒	300円
エン麦	春、秋	アメリカ	全国	緑肥	1600粒	300円
パン小麦	11月	岩手県	岩手県	岩手生まれのゆきちから	2000粒	300円

トウモロコシ（イネ科）

品種	まき時	採種地	主産地	特徴	約粒数	価格
白もちとうもろこし	5、6月	岩手県	全国	ゆでてもちもち。白粒	100粒	300円
黒もちとうもろこし	5、6月	岩手県	全国	ゆでてもちもち。黒粒	100粒	300円
黄もちとうもろこし	5、6月	長野県	全国	ゆでてもちもち。黄粒	100粒	300円
甲州とうもろこし	5、6月	長野県	関東、中部	かたい。幼果を焼いて醤油で	100粒	300円
札幌黄八行とうもろこし	5、6月	北海道	北海道	焼きとうきびの元祖	100粒	300円
ポップコーン	5、6月	岐阜県	全国	はぜとうもろこし	200粒	300円

ゴマ（ゴマ科）

品種	まき時	採種地	主産地	特徴	約粒数	価格
金ゴマ	5、6月	群馬県	関東	黄粒	3000粒	300円
黒ゴマ	5、6月	中国	関西	黒粒	3000粒	300円
白ゴマ	5、6月	茨城県	全国	白粒	4000粒	300円

ソバ（タデ科）

品種	まき時	採種地	主産地	特徴	約粒数	価格
春ソバ	5、6月	北海道	高冷地	平地には不向き	2500粒	300円
信州在来ソバ	8月下旬	アメリカ	長野県	信濃一号	1800粒	300円
信州大ソバ	8月下旬	長野県	全国	大粒で多収	1000粒	300円

その他雑穀

品種	まき時	採種地	主産地	特徴	約粒数	価格
ハトムギ	5、6月	岩手県	全国	ハトムギ茶	400粒	300円
もちアワ	5、6月	岩手県	全国	菓子や酒の原料	30000粒	300円
もちキビ	5、6月	岡山県	全国	もちや団子に	8000粒	300円
いなキビ	5、6月	岩手県	全国	うるち性	8000粒	300円
たかキビ	5、6月	岩手県	全国	ソルゴー、コーリャン	1500粒	300円
白ヒエ	5、6月	岩手県	東北	救荒作物として重要	8000粒	300円
アマランサス（赤）	5、6月	岩手県	東北	うるち性赤実	10000粒	300円
アマランサス（白）	5、6月	岩手県	東北	もち性白実	10000粒	300円
とんぶり	5月	秋田県	秋田県	紅葉が美しい。ホウキグサの実	800粒	300円
レンゲ	9～10月	中国	関東以南	緑肥	10000粒	300円

スプラウト用種子

品種	まき時	採種地	主産地	特徴	約粒数	価格
ブロッコリースプラウト	周年	アメリカ	全国	制ガン効果で有名に	3000粒	300円
アルファルファ	周年	アメリカ	全国	ルーサン。紫うまごやし	9000粒	300円
ブラックマッペ	周年	ミャンマー	全国	普通販売されている「もやし」はこれ	1500粒	300円
グリーンマッペ	周年	ミャンマー	全国	豆もやし	1500粒	300円

かいわれ大根	周年	アメリカ	全国	おなじみのスプラウト	3000粒	300円
ルビー貝割大根	周年	アメリカ	全国	ピンクの貝割れ大根	3000粒	300円
レッドキャベツスプラウト	周年	アメリカ	全国	赤茎スプラウト	4000粒	300円
マスタードスプラウト	周年	イタリア	全国	カラシナのスプラウト	4000粒	300円
トウミョウ（豆苗）	周年	フランス	全国	グリーンピースのスプラウト	350粒	300円

●イタリア野菜

品種	まき時	採種地	主産地	特徴	約粒数	価格
チーマディラーパ	春、秋	イタリア	イタリア	大きな花蕾の西洋ナバナ	80粒	295円
ラットゥーガ・ロマーナ	2～3月	イタリア	イタリア	ロメインレタス	80粒	295円
ラディッキョ・ロッソ	春、秋	イタリア	イタリア	チコリー	80粒	295円
ルコラ・セルバーティカ	春、秋	イタリア	イタリア	ワイルドロケット	500粒	295円
フィノッキオ	春、秋	イタリア	イタリア	フローレンス・フェンネル	80粒	295円
インサラータ・ミスタ	春、秋	イギリス	イタリア	レタスミックス	800粒	295円
バジリコ・ナーノ	春、秋	イタリア	イタリア	バジル	200粒	295円
プレッツェーモロ	3～5月、9月	フランス	イタリア	イタリアンパセリ	200粒	295円
ズッキーナ・ステラ	5月（直播）	イタリア	イタリア	花ズッキーニに好適	8粒	295円
ズッキーナ・トンダ	4～6月(露地)	イタリア	イタリア	丸ズッキーニ	8粒	295円
ズッキーナ・バンビーノ	4～6月(露地)	イタリア	イタリア	ミニズッキーニ	8粒	295円
バルバビエートラ	春、秋	インド	イタリア	断面が渦巻き模様のビート	80粒	295円

栽培暦（その１）

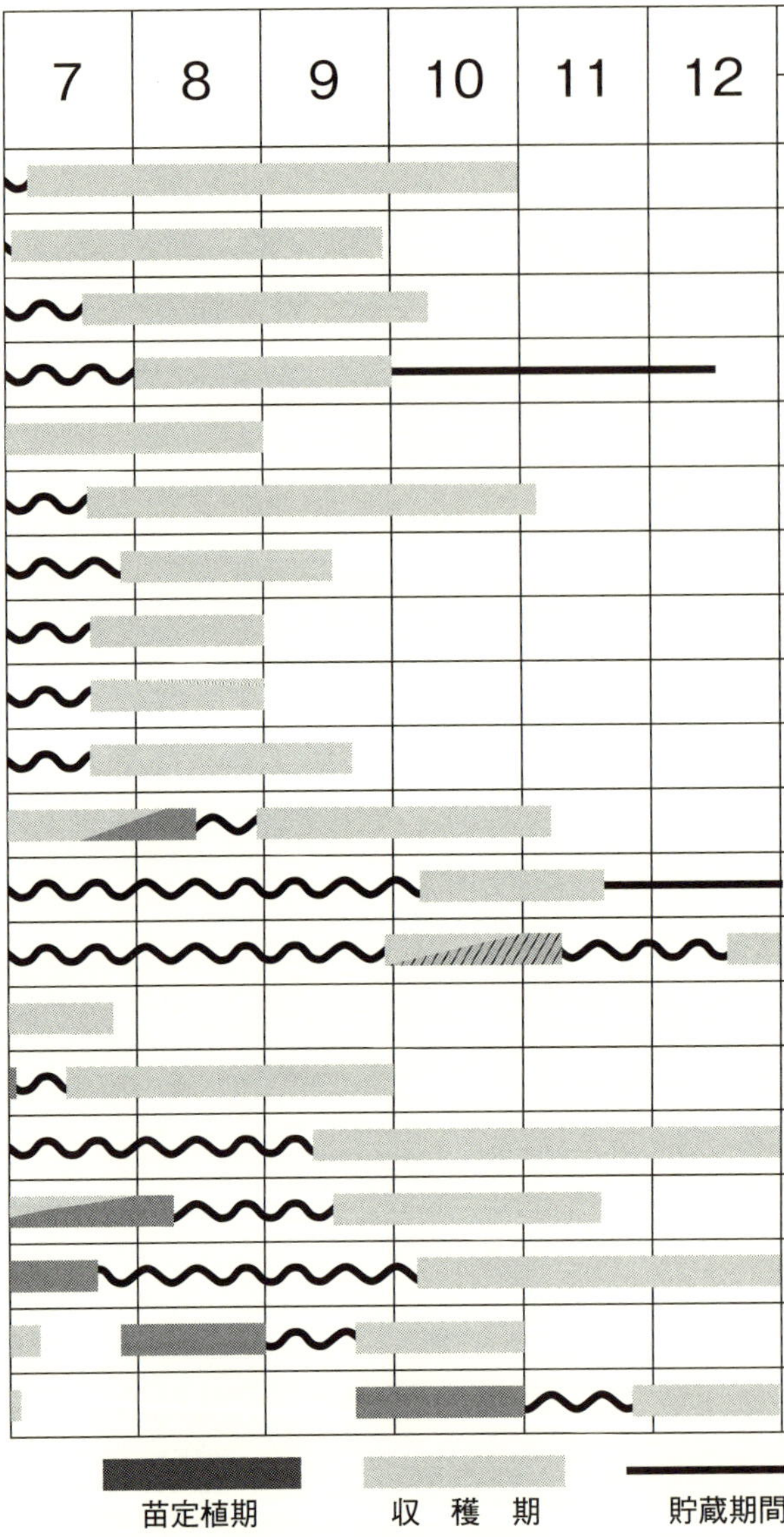

播種・定植	
畝間	株間
1.80 二条	0.60
1.80 二条	0.40
1.20 二条	0.45
1.80	1.20
1.80 二条	0.45
1.50	0.90
1.50	0.90
2.10	1.80
1.50	0.90
0.70	0.50
0.75	0.30
0.90	0.30
0.45	条まき
0.60	0.40
0.70	0.45
0.60	0.30
1.20 二条	0.12
1.20 二条	0.12
0.40	0.10
0.40	条まき

畝間、株間の定植時の距離単位はｍ

出典）「一般向蔬菜栽培要覧」（野口庄治による、野口種苗研究所）

主な野菜の

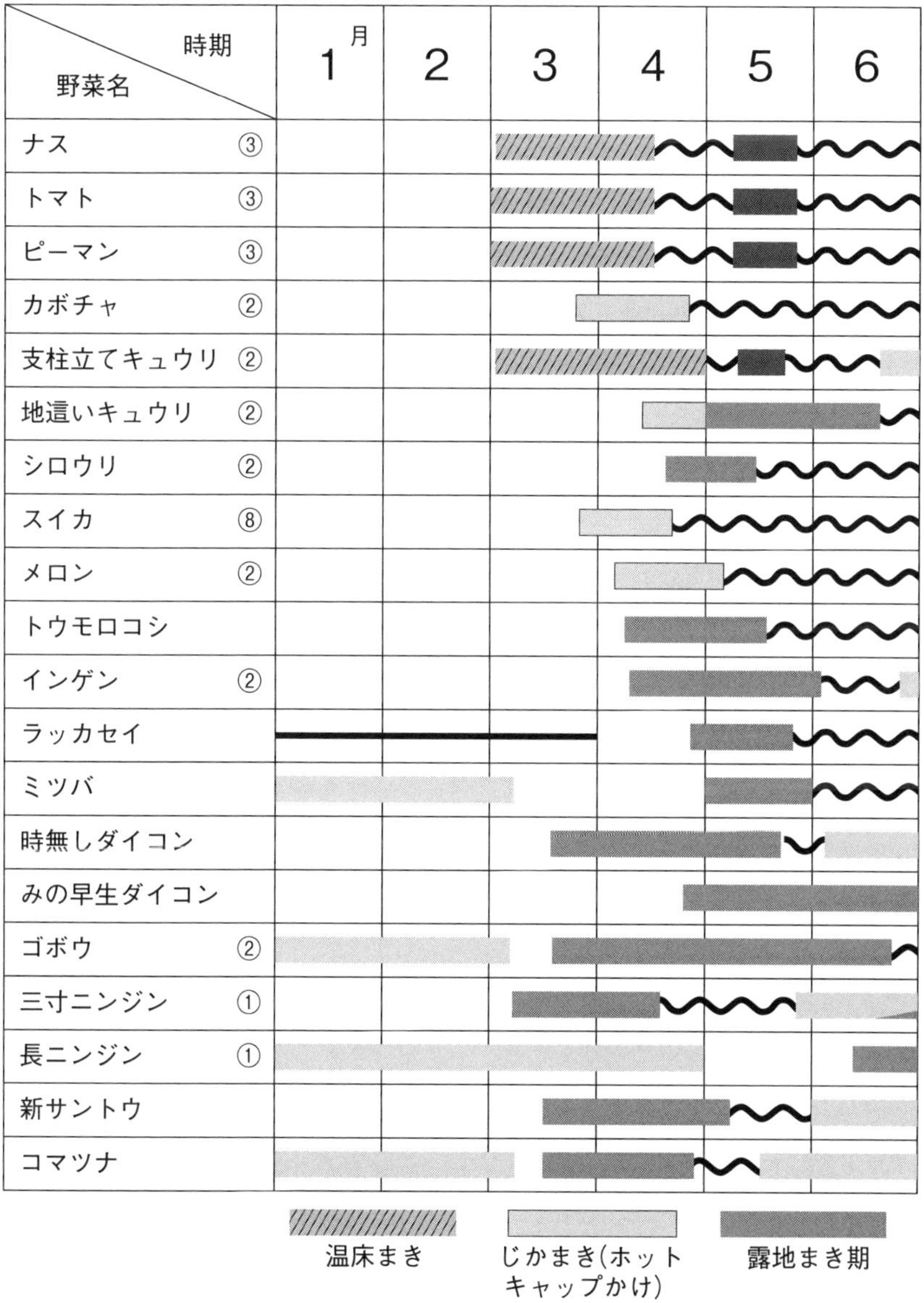

野菜名の脇の○内の数字は同一系作物の連作をきらう年数。
栽培は関東南部、関西平野部などを基準

栽培暦(その2)

播種・定植	
畝間	株間
0.40	条まき
0.15	0.15
0.60	0.10
0.45 二条	0.15
0.70	0.45
0.60	0.45
0.60	0.40
0.75	0.50
0.75	0.50
0.60	0.30
0.30	0.20
0.80	0.50
0.45	0.15
0.45	0.15
0.45	0.15
0.40	0.07
0.40	0.07
0.60	0.30
0.75	0.45

畝間、株間の定植時の距離単位はm

出典)「一般向蔬菜栽培要覧」(野口庄治による、野口種苗研究所)

主な野菜の

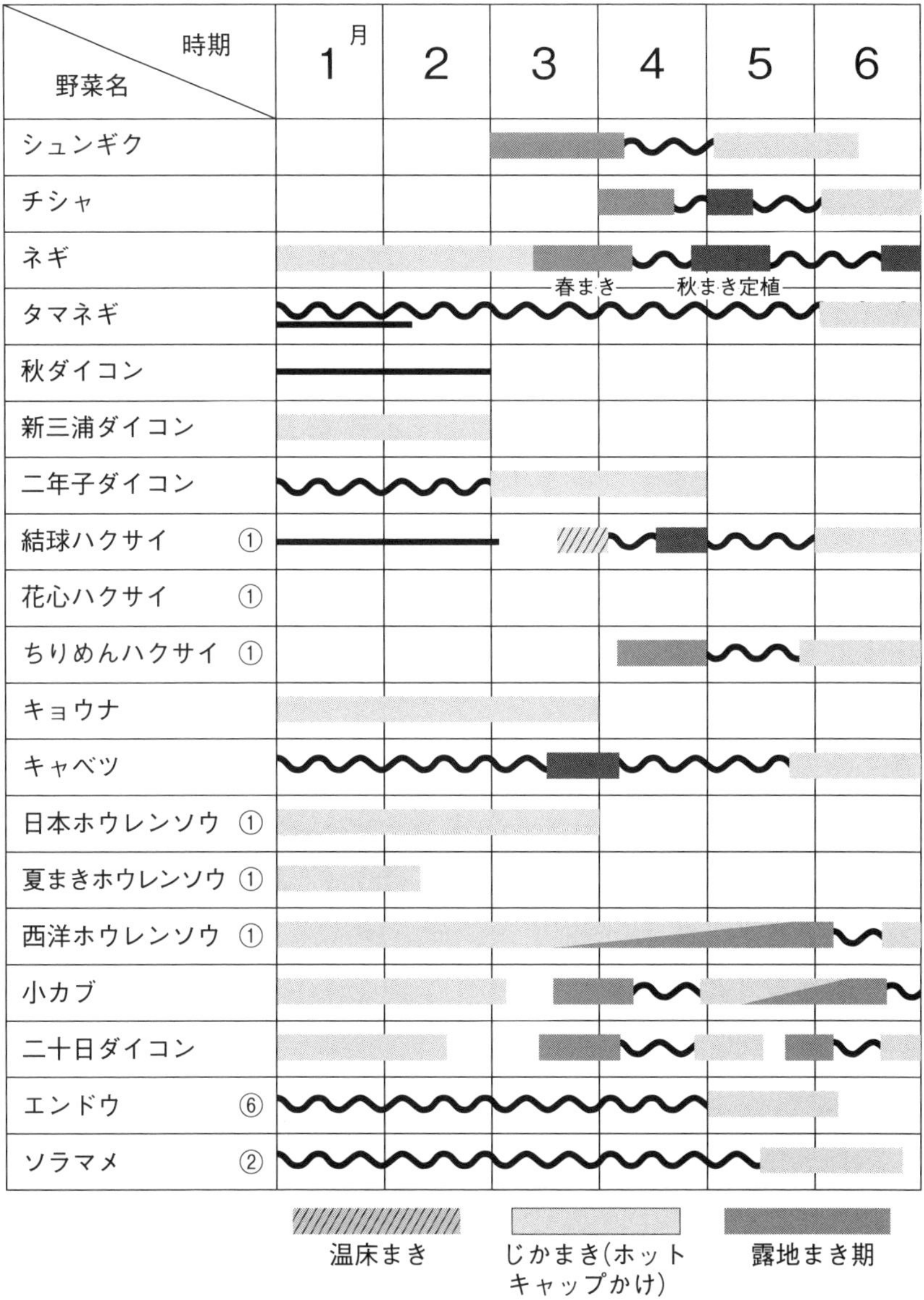

野菜名の脇の○内の数字は同一系作物の連作をきらう年数。
栽培は関東南部、関西平野部などを基準

◆コラム　手塚作品と野菜の種の現実

手塚治虫の大人向け漫画に『人間ども集まれ！』という長編があります。

主人公の精子はしっぽが二つある変異型で、生まれた子供はどれも同じ顔の無性人間になり、子孫をつくることができません。金儲けを企む企業によってこの子が大量につくられ、戦士に仕立上げられて戦争当事国などに売られてゆく、という物語です。

連載された昭和四二（一九六七）年頃、雑誌は違いますが手塚担当の漫画編集者だった私は、この無性人間のモチーフは働きバチなど自然界の昆虫の世界だろう、と単純に思っていました。

でも、家業の種屋を継いで雄性不稔というF1技術を知るにおよび、この漫画は私の頭の中で人間と切っても切れない野菜の種の現実と結びつくようになりました。漫画では、一個人の異常な精子から生まれた無性人間がやがて人類を滅ぼしてしまうのですが、野菜の世界では、異常な花粉を持つ数個体が、それまでの健康な花粉から生まれていた健康な野菜をほとんど駆逐してしまったからです。

「雄性不稔という植物の無精子症が、小瀬菜ダイコンで見つかるよね。それをキャベツに取り込むにはどうするの？」

「二酸化炭素を使います。ハウスの中のCO_2濃度を上げてやると、植物の生理が狂って、ダイコンとキャベツのようなゲノムの違う異種間でも受粉して種ができます」

「キャベツやダイコンに分かれる以前の、アブラナ科野菜の先祖の時代、二酸化炭素濃度が高かった時代の地球環境に戻して、一時的に先祖返りするってこと？」

「ストレスですよ。強いストレスで、このままじゃ大変だと子供をつくる。自分の花粉が正常でないダイコンは、正常なキャベツの花粉で子供をつくっちゃう」

「受精した胚が減数分裂して、ダイコンとキャベツの遺伝子が半々の子が誕生するわけか。それから？」

「その子は母親のダイコン譲りの雄性不稔ですよね。その子にまた父親のキャベツの花粉をかけるんです。これを戻し交配（バッククロス）と言います」

「すると孫は、ダイコン四分の一、キャベツ四分の三の遺伝子を持った個体になる。なるほど」

「これを数回繰り返すと、ダイコンの雄性不稔因子を持ったキャベツになります。花粉が異常で父親になれないから、これがF1キャベツの母親になります」

「雄性不稔はミトコンドリア遺伝子の異常だから、母親株からすべての子供に受け継がれるわけだよね。すると、このキャベツだけでなく、ニンジンもタマネギも、雄性不稔を使ったF1は、できた野菜も全部、自分の子供をつくれない無精子症ってわけか」

　以上は、種苗会社の技術者との対話です。

　こうして普通に販売されている野菜が、どんどん子孫をつくれない個体になっています。

　遺伝子組み換えを擁護する人たちは、「遺伝子組み換えは伝統的育種法と変わらない。必要な遺伝子だけを組み込むのだから、伝統育種法よりずっと安全だ」と、よく言います。彼らの言う「伝統育種法」というのが、アメリカで開発された雄性不稔株利用技術と知れば、誰でもなるほどと合点することでしょう。

　遺伝子組み換えは論外ですが、彼らがより安全でないと言う雄性不稔F1は、もしかして本当に安全ではないのかもしれません。

『人間ども集まれ！』の結末は二種類あって、現在書店で売られている版は、前述のとおり、無性人間が世界を支配し、生き残った人類に去勢を強要して、地上の人間の未来がすべて失われることを示唆して終わっています。

　でも、雑誌「漫画サンデー」に連載していたときは、科学の力で無性人間も性を獲得し、人類と共存するようになるという、より明るい結末でした。

　野菜から健康ないのちや、未来を奪ってはなりません。未来を奪われた食べ物のいのちは、きっと人類に災いをもたらすでしょう。

『どこかの畑の片すみで～在来作物はやまがたの文化財～』山形在来作物研究会編　山形大学出版会
『ふるさと野菜礼賛～在来品種を守る～』さとうち藍著　家の光協会
『うまさ楽しさ　この品種～家庭菜園とびきり250選～』農文協編　農文協
『自家採種ハンドブック』ミシェル・ファントン、ジュード・ファントン共著　自家採種ハンドブック出版委員会訳　現代書館
『にっぽんたねとりハンドブック』プロジェクト「たねとり物語」著　現代書館
『岩崎さんちの種子採り家庭菜園』岩崎政利著　家の光協会
『有機農業ハンドブック～土づくりから食べ方まで～』日本有機農業研究会編集・発行　農文協発売
『つくる、食べる、昔野菜』岩崎政利・関戸勇共著　新潮社
『おいしい野菜』ジャン＝マリー・ペルト著　田村源二訳　晶文社
『野菜の種はこうして採ろう』船越建明著　創森社
「野菜品種名鑑(2007年版)」日本種苗協会
「日種協のあゆみ」日本種苗協会
「練馬の種子屋」練馬区郷土資料室編　練馬区教育委員会
「新らしい野菜の採種」浜島直巳著　長野県採種組合連合会
「月刊　たくさんのふしぎ」種採り物語　2004年８月号　福音館書店
「野菜だより」2007年冬号別冊、2008年盛夏号ほか　学習研究社
「やさい畑」2006年春号ほか　家の光協会
「現代農業」2006年２月号ほか　農文協
「耕」No.109　2006夏　山崎農業研究所
「日本種苗新聞」第1902・1903合併号　平成20年１月11日　日本種苗新聞社

◆主な参考・引用文献一覧

『日本の野菜　青葉高著作選Ⅰ』青葉高著　八坂書房
『野菜の日本史　青葉高著作選Ⅱ』青葉高著　八坂書房
『野菜の博物誌　青葉高著作選Ⅲ』青葉高著　八坂書房
『都道府県別　地方野菜大全』タキイ種苗出版部編、芦澤正和監修　農文協
『本物の野菜つくり～その見方・考え方～』藤井平司著　農文協
『新装　図説　野菜の生育～本物の姿を知る～』藤井平司著　農文協
『蔬菜採種ハンドブック』井上頼数編　養賢堂
『野菜の採種技術』そ菜種子生産研究会編　誠文堂新光社
『ハイテクによる野菜の採種』そ菜種子生産研究会編　誠文堂新光社
『作物の一代雑種～ヘテロシスの科学とその周辺～』山田実著　養賢堂
『植物育種学～交雑から遺伝子組換えまで～』鵜飼保雄著　東京大学出版会
『細胞質雄性不稔と育種技術』山口彦之監修　シーエムジー出版
『植物遺伝子工学と育種技術』山口彦之監修　シーエムジー出版
『作物改良に挑む』山口彦之著　岩波新書
『作物の進化と農業・食糧』ジャック・R・ハーラン著、熊田恭一・前田英三訳　学会出版センター
『栽培植物と農耕の起源』中尾佐助著　岩波新書
『遺伝子を操作する～ばら色の約束が悪夢に変わるとき～』メイワン・ホー著、小沢元彦訳　三交社
『不自然な収穫』インゲボルグ・ボーエンズ著、関裕子訳　光文社
『東京から農業が消えた日』薄井清著　草思社
『サラダ野菜の植物史』大場秀章著　新潮選書
『西洋野菜の百科』山田卓三監修　小学館
『トマトが野菜になった日～毒草から世界一の野菜へ～』橘みのり著　草思社
『江戸・東京ゆかりの野菜と花』JA 東京中央会企画・発行　農文協発売
『江戸の野菜～消えた三河島菜を求めて～』野村圭祐著　荒川クリーンエイド・フォーラム
『京の野菜記』林義雄著　ナカニシヤ出版
『なにわ大阪の伝統野菜』なにわ特産物食文化研究会編著　農文協
『京野菜と料理』京都料理芽生会編　淡交社
『加賀野菜　それぞれの物語』松下良著　橋本確文堂

あとがき

私の店には、アフリカや東南アジアなどに農業指導に行っている人が時々来てくれます。この人たちはこれまで、日本で普通に売られていたF_1種の種を持っていき、現地の人たちにつくらせていたのですが、「F_1種の種を使っていると、結局は毎年、種を買わなければならない。それでは彼らのためにはならない。それよりも固定種の種のほうがいい」ということに気がついてくれたのです。

もともとは、現地でつくったF_1種を日本で売るといった目的もあったのかもしれませんが、それは結局、種苗会社の利益にしかならず、現地の人たちの自立自給のためにはならないのです。遺伝的な多様性を持つ固定種ならば、現地でつくりやすいように、また現地の人々の好みに合ったものに改良していくことができるわけです。

同じことは、日本国内でもいえるのではないでしょうか。

地方が生き残っていくためには、その地域ごとの特徴を打ち出していく必要があります。そして、その地域の気候や風土に合わせて先人たちが生み出し、伝えてくれてきた伝統野菜、地方野菜こそが、各地域文化の根源なのです。アイデンティティーと言ってもいいでしょう。これを今、失ってはならないのです。取り返しのつかないことになるからです。食の安心・安全といった視点からだけでなく、文化という視点からも、伝統野菜、地方野菜のことを考えてほしいと思います。

最近では、この本で紹介してきたような内容をお話しする機会もいただけるようになってきました。これまでにもＮＰＯ法人 日本有機農業研究会のシンポジウムや農業高校の先生、自然食品店の方々の集まりなどでお話しさせていただいています。これも、最近の伝統野菜、地方野菜を見直す風潮のあらわれでしょう。そんな今こそ、より多くの方々に固定種の野菜の素晴らしさ、大切さを知ってもらいたいと思います。この本が、そのきっかけになるとすれば幸いです。

なお、平成二〇(二〇〇八)年夏、はからずも第33回山崎記念農業賞を受賞することができました。この賞はアカデミズムやジャーナリズムの世界で大きく取り上げられていなくても、農業・農村や環境分野に有意義な活動を行い、成果を上げている個人や団体を評価し、励みになるように表彰するものだそうです。私の場合、地方の食文化を豊かにしてきた地方野菜・伝統野菜の固定種を日本各地や世界に求め、維持増殖に努めるとともに全国に販売し、それぞれの風土に生命力に満ちた野菜の定着を目指してきたこと、一代雑種の開発・普及が世界的に進み、品種の単一化、栽培の画一化、味の均質化が進んでいる中で、種子から農業や食べ物の本来あるべき姿を提案してきたことが評価されたそうです。

最後になりますが、発刊にあたり、これまで労苦を惜しまず一緒に取り組んできた家族、また、私の種屋の仕事と固定種の野菜を次代へつなぐ取り組みを後押ししてくれた多くの方々、さらに編集関係の方々に心より感謝申し上げます。

二〇〇八年七月　　　　野口　勲

・M E M O・

野口のタネ・野口種苗研究所

1929年、初代・門次郎が蚕種と野菜種子を販売する野口種苗園を創業。1955年、二代目・庄治が発芽試験器で実用新案を取得したこともあり、野口種苗研究所と改名。1957年、「みやま小かぶ」が原種コンクールで初の農林大臣賞受賞。1974年、勲が三代目を受け継ぎ、店名を野口のタネ・野口種苗研究所とし、固定種の種の頒布を主力にしたり、ホームページを開設したりする。2008年春、店先をそれまでの飯能市の商店街から実家（西武池袋線飯能駅、およびJR八高線東飯能駅から約7㎞で名栗川沿いに位置する）脇に移転。固定種の種を店頭販売はもちろん、電話、FAX、インターネットなどで販売している。

〒357-0067　埼玉県飯能市小瀬戸192-1　野口種苗研究所
TEL 042-972-2478　FAX 042-972-7701
http://noguchiseed.com　tanet@noguchiseed.com

種袋の収納棚

デザイン――寺田有恒、ビレッジ・ハウス
イラストレーション――楢 喜八
撮影――三宅 岳
写真協力――埼玉県農林総合研究センター園芸研究所（岩元 篤）
東京都・北区立中央図書館北区の部屋、榎本孫久
樫山信也、鈴木 忍、蜂谷秀人ほか
取材協力――関野農園（埼玉県富士見市）、広島県・JA福山市草戸支店
茨城県・JAやさと営農流通センター
ひょうごの在来種保存会（山根成人、田中康夫）
小野地 悠、園部なつ子
編集協力――村田 央、船越建明
校正――霞 四郎

著者プロフィール

●野口 勲(のぐち いさお)

1944年、東京都青梅市生まれ。ほどなく父の再招集で父の郷里・埼玉県飯能市に移住。成城大学文芸学部へ入学するが2年のとき、虫プロ出版部入社のため中退。手塚治虫の担当漫画編集者となる。虫プロ退社後も出版編集業を続けるが、やがて家業の種苗業を手伝ったり、みかど育種農場で育種の研修を受けたりして種屋の三代目を受け継ぐ。伝統野菜消滅の危機を感じ、地元はもちろん、全国各地の固定種の種を取り扱い、頒布を主力にする。第33回山崎記念農業賞受賞(2008年)。NPO法人 日本有機農業研究会などの市民団体、学校、自然食品店関係などから固定種の野菜と種の意義、価値などについての講演要請が多い。

著書に『固定種野菜の種と育て方』(共著、創森社)など

いのちの種《たね》を未来《みらい》に

2008年8月22日　第1刷発行
2023年5月19日　第7刷発行

著　　者——野口《のぐち》 勲《いさお》

発 行 者——相場博也

発 行 所——株式会社 創森社

〒162-0805 東京都新宿区矢来町96-4

TEL 03-5228-2270　FAX 03-5228-2410

http://www.soshinsha-pub.com

振替 00160-7-770406

組　　版——有限会社 天龍社

印刷製本——中央精版印刷株式会社

落丁・乱丁本はおとりかえします。定価は表紙カバーに表示してあります。

 ISBN978-4-88340-223-6 C0061